丸山宗利



# 昆虫こわい

GS
幻冬舎新書
462

# まえがき

疲れている。ぬるぬると湿った床を歩いて洗面台の前に立つと、明らかに顔がむくんでいるのがわかる。無精髭《ひげ》を剃る気力もなく、とりあえず栄養剤を口に放り込む。

疲れの理由は明白だ。もういい歳なので疲れが抜けないというのもあるが、なにせ初日から全然眠れていないのだ。

ここは日本から見て地球の裏側にあたるフランス領ギアナ。今日で五日目だ。

なんで眠れないかというと、毎晩半徹夜で繰り返している灯火採集（布に光をあてて、集まる虫を採集する方法）があまりにも楽しく、気持ちが昂《たかぶ》って、どうにも寝付けないのである。

「わざわざ地球の裏側まで行って何しているんだ」「いい歳をして」と思われるだろうが、私もそう思っている。

私の研究分野は昆虫系統分類学といって、世界各地をまわって、昆虫を捕まえてきては、新種として発表したり、遺伝子から進化の道筋を調べたりすることを生業としている。

昆虫の中でも、とくにアリと共生する昆虫が専門だ。アリを見たことがない人はいないと思うが、アリの巣の中をじっくりと見たことのある人は少ないはずである。実は、巣の中をよく調べてみると、いろいろな他の昆虫が同居している。ここでは単純に「一緒に暮らす」という意味で「共生」という言葉を使ったが、実態は勝手に住み着いているだけで、「居候」ないし「寄生」というほうがしっくりとくるかもしれない。

研究の世界ではそのような現象のことを「好蟻性《こうぎせい》」といい、そういう生態を持つ昆虫のことを「好蟻性昆虫」と呼んでいる。好蟻性昆虫の中でもとくに多いのは、あとで詳しく説明するが、ハネカクシという甲虫のなかまで、私のこれまでの研究内容の半分以上は好蟻性ハネカクシを対象としたものである。

アリの巣の中をじっくりと見たことがなかったのは過去の昆虫学者たちも同じで、私が研究を始めた二十年前には、好蟻性昆虫を専門とする研究者は日本には一人もいなかった。それで、大学院生になってから、好蟻性昆虫の調査と研究を開始したところ、日本の野山でも、それどころか街中でさえも、たくさんの新種が見つかった。私たちの足元に未踏の調査地があったのである。

アリと共生する昆虫の多くは特定のアリ（一種ないし数種）とだけ関係を持つ。だから、アリの種数が多い地域ほど、好蟻性昆虫の種数も多い。日本では北海道から沖縄まで全部合わせて三百種弱のアリしか生息していないが、熱帯雨林、たとえば東南アジアだと、数百メートル四方の狭い範囲に五百種以上のアリが生息していることがある。

それにもかかわらず、東南アジアでは好蟻性昆虫の調査がほとんど進んでいない。そこで、「誰も見つけていないような新種がまだたくさんいるんじゃないか」と考え、十数年前から東南アジアの調査にも着手した。すると、思った通り、見たこともないような新種が、それこそザクザクと見つかった。そうなると、見つけた新種の虫がどうやって進化したのかとか、どうやって現在の生息地にたどり着いたのかなどが気になってくる。

そこで、比較のため、南米やアフリカなどの標本も必要となってきて、結局、好蟻性昆虫の調査のために世界中を旅してまわることになった。多いときには年の三分の一を熱帯のジャングルで過ごしていて、こういう生活をかれこれ十年以上続けている。

幸運もあって、命にかかわるほどの危険な目に遭わずにこれまできているが、それでも調査のあいだにはいろいろなことがあった。調査自体が困難をきわめたり、失敗したり、がっかりしたり、だまされたり、さらにいろんな危険な動物や昆虫に遭うことも少なくない。目的の昆虫を見つけるために、本当に「昆虫こわい」という目に何度も遭ってきたのだ。

また、「昆虫こわい」という題は、落語の「まんじゅうこわい」をもじったものでもある。有名な話だが、仲間と怖いものの話をしていて、「饅頭が怖い」と嘘をつき、「思い出したら気分が悪くなった」と寝込んだところ、驚かせようとした仲間にたくさんの饅頭を持ち寄られ、結局はたくさんの饅頭を食べることができたという話である。

昆虫採集はほとんど運であり、経験則として、「あの虫を見つけてやる」と期待するほどダメである。その気迫が虫を追いやってしまうのだろうか。「あの虫がこわい」くらいに自分に嘘をついて、無心になって初めて見つかることのほうが多い。実際、これまでの自分の成果で大発見と呼べるものは、狙ったものではなく、すべて予期せぬ偶然によるものである。そういうわけで、「昆虫こわい」はいい虫に出会うコツでもある。

ある方に私の毎日を「小学生の夏休みの延長」と言われたことがある。私は大まじめに研究しているつもりだが、この本の原稿を書いていて、たしかにそうかもしれないとも思った。何かと気ぜわしい昨今、ちっぽけな虫を子供のように追いかける大の大人の様子をご覧になり、呆れたり笑ったりしていただけたら何よりである。

さらに、「昆虫の調査」や「新種発見」といった、普通の人にはなじみのない研究の様子、どんな場所にどんな虫がいるのかといった現場の実態、それと、私の研究に限られるが、最新の研究成果も知っていただければとも思っている。

さて、ここでの調査も残すところ五日。どんな虫が採れるのか。そして私の体力は最後まで持つのだろうか。

二〇一七年一月　南米・フランス領ギアナにて

＊本書には多数の生物が登場するが、和名が広く定着している大型の動植物を除き、巻末に学名と（必要に応じて詳しく）所属を注記している。図鑑やインターネット等で調べる際の参考にされたい。また同じく、日本人になじみの薄い地名やホテル名、著名な人名なども、注釈に正しい綴りを記した。

＊写真は以下の方々から借用し、括弧内の略号で示した。略号のないものは筆者が撮影した。小松貴さん（KT）、島田拓さん（ST）、堀繁久さん（HS）、柿添翔太郎さん（KS）、山口進さん（YS）、細石真吾さん（HSS）、星野光之介さん（HK）

# カラー版 昆虫こわい／目次

まえがき　3

第1章　最強トリオ、南米へ
――ペルーその1　2012年1月　13

好蟻性昆虫採集なら世界一／グンタイアリとハネカクシ／息苦しいアンデスの峠を越えて／チョウの楽園／憧れのツノゼミ／グンタイアリのビバーク発見！／トイレは臭いが役に立つ／約八十年ぶりの大発見／アリの行列と回転寿司の類似性／パラポネラに悶絶／灯火採集の楽しみ／ステュロガステルの魔力／もしや、売ったんじゃないか

第2章　アリの逆襲
――ペルーその2　2013年9月　49

こんどはアマゾンへ／三日もかけて行ったのに／調査できるっかな／グンタイアリ見つかる／奇人の面目躍如／アリのお礼参り／恐怖のピラニア釣り／サシガメとヒカリコメツキ／ハキリアリの巣にカエル？／死のロード／すごい珍種の数々

第3章　虫刺されは本当にこわい
――カメルーンその1　2010年1月　75

初めてのアフリカ／驚愕の道路逆走／毛布が臭い／不気味な闇両替／町は撮影厳禁／木の蔓から水が！／美しき健脚／小悪魔の洗礼／コック兼ドロボウさん／サスライアリで阿鼻叫喚／もうトマトは見たくない／土埃との無言の戦い／豪快すぎる焚き火の効用／虫が関係する病気／ツノゼミ祭り／食あたりとG、G、G／帰国後の不安

第4章　ハネカクシを探せ
――カメルーンその2　2015年5月　111

こんどこそサスライアリからハネカクシを／空港は激変／ニャソソの村／珍奇なハネカクシ／カカオを運ぶ子供たち／海外調査でいちばん怖いもの／爆走はこりごり／サスライアリの絨毯攻撃／食えないオヤジ／帰国後に狂喜乱舞／またあのトイレへ

第5章　新種新属発見！
――カンボジア　2012年6月ほか　131

はなちゃんと知久さん／手描きツノゼミ地図の威力／ツムギアリと暑さのW攻撃／嬉しすぎた副産物／論文はこうして書いてます／奇人の異常な興奮／さらなる大発見／チャボに完敗

第6章　熱帯の涼しくて熱い夜
——マレーシア　2000年5月ほか　151
人生初めての熱帯／待ちわびた旅立ち／海外調査の面白さにハマる／ヒゲブトオサムシの新種発見／熱帯に熱帯夜はない／陰部のマダニ研究／マンマル狩り／ウル＝ゴンバツ通いは続く／熱帯雨林伐採の矛盾

第7章　研究者もいろいろ
——ミャンマー　2016年9月　175
ミャンマーで調査する意義／植物研究者の荷物は膨大／とにかく長旅／レンジャーはすごい／短いようで長い調査／タナカという化粧／ミャンマーはいいぞ

第8章　いざサバンナへ
——ケニア　2016年5月　191
アフリカの東側へ／狭いホテルにも警備員が／サファリパークの「本物」／調査初日から大収穫／魅力的なアフリカのツノゼミ／四メートル超えのアリ塚／憧憬のスカラベ／塚をくずす／フラミンゴ見物／最後のトラブル

第9章　でっかい虫もいいもんだ　213
——フランス領ギアナその1　2016年1月
南米唯一の採集天国／地球の裏側へ／アントガーデンとの対決／危険なヒアリ／外国のカブトムシはどうしてかっこいいのか?／グンタイアリ丸ごと採集／シタバチとテナガカミキリと糞虫／タイタン飛来

第10章　昆虫好きの楽園　235
——フランス領ギアナその2　2017年1月
先発隊に動揺／嬉しそうな名カメラマン／あまりにも楽しい灯火採集の日々／夢みたいな場所／後遺症

番外編　ちゃんと研究もしてますよ　248
研究の目的／アリ型のハネカクシの多数回進化／ツノゼミの研究へ

旅行と私　あとがきにかえて　256
注釈　259

本文イラスト　しまだなな
DTP　美創

# 第1章

# 最強トリオ、南米へ

——ペルーその1　2012年1月

## 好蟻性昆虫採集なら世界一

南米は憧れの地の一つだった。子供のころに図鑑で、南米に住むヘラクレスオオカブト[*1]やモルフォチョウ[*2]などかっこいい虫やピカピカした虫を見て、いつか南米でこんな虫を見たいと憧れ続けていた。夢の中でそういう虫を捕まえて、目覚めてがっかりしたことが何度もあったくらいだ。

二〇〇九年、とあるアリに関する取材に同行することになり、初めて南米のエクアドルを訪れる機会を得た。しかし物事は簡単に上手くいかない。その取材では、事前の相談とは異なり、手伝いに時間を割かれ、悲しい思い出ばかりが残った。

いつか再び南米に行き、思い切り虫を採ってやる。今か今かとその機会を狙っていた。そんなとき、ペルーの虫が面白く、採集しやすいとの情報を友人からもらい、二〇一二年の年明けに調査を決行することにした。

同行者は長年の相棒であり共同研究者、風変わりな小松貴君（以下、奇人）、そして愛玩用のアリの販売を糧《かて》に生活している島田拓さん（以下、たっくん）だ。

奇人はとにかく虫のことをよく知っているうえ、虫を見つけるのが上手い。たっくんは好蟻性昆虫採集の腕では、間違いなく世界一だろう。私はいろいろな本や論文を読み込んでいるので、採集の腕はソコソコだが、知識だけには自信がある。そういうわけで、この三人が揃えば、好蟻性昆虫採集の最強トリオであることは間違いない。そんな最強にいったいどれほどの価値があるのかという疑問は置いておいて。

## グンタイアリとハネカクシ

目的とする主な虫は、グンタイアリと共生するハネカクシである。どちらも聞き慣れない名前であろうから、ちょっぴり難しいかもしれないが、手短に説明したい。

まず、グンタイアリは南米名物のアリでもある。少し外国の昆虫のことを知る人なら、「軍隊」の名のとおり、大軍で狩りをする恐ろしい大型のアリという印象を持っているかもしれない。しかし、ここで言うグンタイアリというのはグンタイアリ族[*3]という分類群の総称で、中には二ミリメートルほどの小さなアリも含まれている。南米を中心に、北は北米南部まで、五属百五十種くらいが知られている。

ハネカクシとは、ハネカクシ科という分類群に含まれる甲虫

典型的なハネカクシであるツマグロアカバハネカクシ(日本産)(KT)

の総称である。甲虫とは、カブトムシやクワガタ、タマムシなどを含んでいて、その名のとおり、腹部を覆う甲羅のように硬い上翅《じょうし》が特徴だ。

しかしハネカクシは、甲虫にもかかわらず、上翅を短縮させて、長い腹部を露出させている。その短い上翅の下に、空を飛ぶための長い下翅《かし》を隠している。そのため「翅隠し」という名前になっているのだ。あまり聞いたことがないだろうが、実は世界で五万種以上が知られており、動物界最大の分類群なのである。これは覚えておいて損はない。

ハネカクシはいろいろな環境に進出しており、大部分の種は落ち葉の下や朽木の中に住んでいるが、一部の種はアリやシロアリの巣に共生している。それら共生種の大きさは、大きいものので五ミリメートル、小さなものは一ミリメートル前後しかない。とにかくとても小さな甲虫である。

さて、グンタイアリの社会には、実にいろいろな生物が共生あるいは寄生している。ハネカクシをはじめ、ダニやハエ、エンマムシ（これも甲虫）などがおり、バーチェルグンタイアリ[*4]というグンタイアリに関しては、五百種以上の共生者の記録があり、これは一種の生物に対する共生者の記録としては最多である。さらに、グンタイアリの種ごとに異なる共生者がおり、前述のとおりグンタイアリは南米に百五十種くらいいるので、膨大な数の共生者が存在するはずである。今回のペルーでの調査は、その共生者を採集しようという趣旨だ。

……ちょっと崇高な研究っぽく紹介したが、グンタイアリと共生するハネカクシやエンマムシが私にとってとてもかっこよく、それを自分で捕まえてみたいというのがいちばんの動機である。研究に必要な標本なのは事実だが、そんな実務的な動機だけでときに命がけともなる調査旅行になんて行けるわけがない。やっぱり、自分が好きで、美しい、かっこいいと思うものを野外で観察し、自分で採集したいということしか真の動機にはなりえない。

「なんて単純な」「個人的な欲求のために」と思う人もいるかもしれない。しかし、研究の動機なんて、大抵そんなものである。最初から「何かの役に立つ」「誰かのためになる」などと考えて研究を始める研究者なんてほとんどいないはずであり、各研究者の個人的な興味こそがさまざまな学問の発展の根底にあるのだ。

さて、事前情報によると、共生者を見つけるのにいちばん良い方法は、グンタイアリの行列を観察して、そこから採集することだという。

虫や鳥の声が響く熱帯の森にグンタイアリの行列があり、そこに共生者の姿を見つける。そんな様子をわくわくと夢想した。

## 息苦しいアンデスの峠を越えて

福岡から成田、そしてアメリカのヒューストンを経由し、昼過ぎの便でペルーの首都であるリマに到着した。国内にマチュピチュなどの観光地があるためか、リマの空港はこぎれいで、それだけで少し安心できる雰囲気だ。

空港のゲートに今回の案内人であるマルコが迎えに来てくれていた。知人に紹介してもらった人で、スペインの血が濃い顔をしており、三十そこそこ、小太りの体、親しみが持てる顔つきである。事前に写真を交換していたので、お互いすぐにわかった。マルコによると、ここからはタクシーでアンデス山脈を越え、約九時間で目的の町であるサティポ[*5]に到着するという。

しかし、九時間も走ってくれるタクシーがそう簡単につかまるはずもない。たとえるなら東京で「広島まで」と言うようなものである。だから途中で何度かタクシーを乗り換える作戦を取った。

私たちは二十時間におよぶ空の旅で疲れ果ててしまい、何よりお尻が痛い。また、トランクに入りきらない荷物を膝《ひざ》に抱え、後ろの席にぎゅうぎゅうで三人が並んだ状態で九時間とは、地獄である。しかし、その先には天国が待っていると自分に言い聞かせ、おとなしく後部座席に乗り込んだ。

タクシーの車窓から見たリマの風景は刺激的だった。小さな都市部を過ぎると、岩山が続き、スラム街が棚田のように広がっている。商店は強盗よけの鉄格子で囲われており、治安の悪さを物語っている。そのような風景を抜けると、すぐに山道に入り、何もない岩山の荒れ地にリユウゼツランが生える景色が続いた。

しばらくすると景色にも飽き、疲れている私たちは自然と眠りについた。

途中でタクシーを乗り換え、マルコが手際よく荷物を積み替えてくれた。それからウトウトとしながらも、暗い山道を進んでいる意識はあったが、突然、息苦しさと寒さで目が覚めた。どうやらアンデス山脈の標高四千八百メートルの峠に差し掛かったようだ。こんな標高は初めてで、これほどの空気の薄さを強く実感したのも初めてだった。どこまでも続く荒涼とした草原と山々が、月明かりに照らされていた。

リマの町を抜けた先の風景

それから山をひたすらに下り、途中の町でもう一度タクシーを乗り換える。息苦しさはおさまったが、日本を出てから延々座りっぱなし状態なので、とにかくお尻が痛く、眠いのに眠れない。狭い車内で横を向いたり、腰を浮かせたり、なんとかしてやりすごす。そのうちにだんだんと空気が暖かくなり、しだいに蒸し暑くなってきた。

「もうすぐサティィポなんだろうね」

暗いタクシーの中で奇人とたっくんと言葉を交わした。

そんなこんなで目的地のサティィポに着いたのは夜の十一時過ぎ

で、町唯一のホテルの部屋でようやく一息ついた。タクシーで九時間、日本からだと二十九時間である。もうヘトヘトだ。

## チョウの楽園

翌朝、サティポから目的地のシマの森へ移動する。マルコとその友人であるホセと合流し、サティポからタクシーに乗った。ホセは彫りの深い純粋なインディオ系の顔をしていて、最初は私より年上かと思っていたが、実際はマルコと同じくらいで、かなり年下の三十代前半とのことだった。

タクシーは小型の普通乗用車で、大荷物を載せたうえに、運転手の他に五人乗車はさすがに無理がある。ホセはシフトレバーの上に中腰になっていた。太い川をハシケでタクシーごと渡り、さらに奥へと進むと、広い河原で道が行き止まりとなった。そこからは徒歩である。

まずは幅二十メートル以上もあるその川を渡渉する。パンツ一丁になり、慎重に進む。カメラを持っているので、ここで転んだら大損害である。そもそも膝上まである激流なので、もし転んだら、下手をすれば命が危ない。奇人はビクビクとあまりに怯えるので、マルコが手をつなぎ、ようやく渡ってきた。私は『結婚行進曲』を歌って応援した。

それからひたすら歩く予定だったが、途中で伐採木を運ぶトラックが休んでおり、それに乗せてもらえることになった。トラックを降りて、また川を渡ったりして、しばらく森の中を進むと、突然、立派な小屋が見えてきた。

小屋の周囲は素晴らしい森に囲まれている。おまけにまわりは見渡す限りチョウだらけで、憧れのモルフォチョウまで飛んでいる。ここは楽園かという場所だった。

その小屋は二階建てで、一階は食堂とガイドの寝床、二階は私たち三人の住居となった。立派な小屋とはいえ、電気も壁もなく、ほとんど森の中にそのまま寝るようなものである。なんと気持ちのいいことか。この先の生活が楽しみだ。

美しいアキレスモルフォ（KT）

シマの小屋（ST）

さっそく荷物を置き、夜に備えて蚊帳《かや》を張り、森へと出発する。たっくんは初めての南米で、ものすごく興奮しており、荷物を置くと駆け出すように森へ入って行った。

前述のエクアドルの取材には奇人も同行したのだが、お互いに憧れの南米まで行って虫が存分に探せなかったというのは本当につらい思い出で、ほとんど「南米コンプレックス」と言ってよい状態に陥っていた。二人ともそれを払拭するような成果をあげたいという思いが通奏低音としてあったのだろう。たっくんに続いて森へと飛び出した。

## 憧れのツノゼミ

ところで、ツノゼミという虫をご存じだろうか。漢字では「角蟬」と書くが、セミのなかまではなく、別の科に含まれる遠い親戚である。体長は平均して五〜十ミリメートルで、セミに比べてとても小さいが、セミを小さくしたような体に立派な角があり、その形が種によって非常に多様で、しかも面白い。ほとんど信じがたい姿のものもいる。

ちなみに、ツノゼミはセミと同じく、植物の汁を吸って生活する。セミの幼虫は地中の植物の根から汁を吸うが、ツノゼミの幼虫は植物の地上部（葉や茎）から汁を吸う。卵は植物の茎の中に産みつけられ、雌成虫が卵や幼虫を保護する習性を持つものもいる。

ツノゼミの多様性の本場は南米と北米で、二〇〇七年ごろ、私はアメリカのシカゴへの留学中にツノゼミと出会い、その多様性と姿の面白さにびっくりして以来、興味を持ち始めた。

エクアドルではつまらないことばかりでなく、面白い経験もあった。その一つがツノゼミの多様性を知ったことであった。泊まったホテルの庭にあった生け垣に、実にたくさんのツノゼミがいて、一つの木で三十種以上のツノゼミが見つかった。どのツノゼミも個性的で、それ以来、すっかりツノゼミに夢中になったのだった。

それが高じて、二〇一〇年に職場でツノゼミの展示会を行い、さらにそのツノゼミの写真をもとに、二〇一一年には『ツノゼミ ありえない虫』(幻冬舎)という本まで出版した。

今回、あくまで主目的はアリと共生するハネカクシだが、実はツノゼミも見たいと思っていた。伐採木を運ぶトラックがあっただけあって、周囲は伐採が進んでいた。そして、木が伐採された後に、エノキグサ類[*6]という荒れ地を好む植物が生えており、そこからいろいろなツノゼミが見つかったのである。

世界屈指の珍奇昆虫として有名なヨツコブツノゼミ[*7]や、同じく有名なミカヅキツノゼミ[*8]、マルエボシツノゼミ[*9]など、目をみはるほどかっこいいツノゼミがたくさんいるではないか。どれも、どうしてそのような形をしているのか、学者さえ悩ませている珍奇な昆虫である。思わずグンタイアリ探しそっちのけで、ツノゼミ採集にすっかり夢中になってしまった。

さらに、ホセの目が恐ろしく良い。崖の上に生えた十メートル先の木の枝にいる一センチメートルのツノゼミを目視で発見し、崖を登って採ってきてくれるのである。

結局、ホセのおかげもあって、このシマに滞在した一週間だけで、百種くらいのツノゼミを採集することができた。日本にもツノゼミはいるが、全土で十種程度であり、一回の調査で三

ヨツコブツノゼミ

ミカヅキツノゼミ（ST）

マルエボシツノゼミ（KT）

種くらい採れれば御の字である。東南アジアでも一回の調査で十種か二十種くらい採れたら上出来と言えるので、いかにたくさんの種が採れたかおわかりいただけよう。

ツノゼミの本場は南米とは聞いていたが、まったく桁が違うし、ツノゼミの珍奇具合も全然違う。この旅行のおかげで、私はますますツノゼミにハマってしまったのだった。

## グンタイアリのビバーク発見！

初日から私がツノゼミにうつつを抜かしている間、たっくんと奇人はグンタイアリを探して歩きまわっていた。二人がいるからこそツノゼミにうつつを抜かすことができたというのもある。

アリに寄生する好蟻性昆虫を研究している身として、それらに見習って他人に寄生する必要がある。というのは冗談だが、グンタイアリ探しは本当に大変である。そもそも、広大な森の中で、たまたま道を横切るアリの行列に出会うには運が必要だ。ひたすら足元や周囲の地面を見て歩くのだが、それには大変な集中力を必要とする。だから、三人で手分けして探すのは効率が良い。

「バーチェルグンタイアリのビバークを見つけました！」

あるとき、昼過ぎにたっくんに会うと、そう言って興奮している。

バーチェルグンタイアリを含むグンタイアリ属[*10]の多くは、兵アリが釣り針状の大顎《おおあご》を持ち、とてもかっこいい。アリ好きなら誰でも憧れるなかまである。

しかも、バーチェルグンタイアリはグンタイアリの中でも非常に大型（兵アリは一センチメートルほど）で、十万頭以上の多数の働きアリを従える種でもある。全グンタイアリの代表種と呼んでもいい。

グンタイアリのなかまは特定の巣を持たない。女王が産卵を行う「停滞期」と、周囲の獲物

黒い塊がバーチェルグンタイアリのビバーク（ST）

大顎が湾曲しているバーチェルグンタイアリの兵アリ（ST）

を狩り尽くしては移動する「移動期」があり、停滞期には、十〜十五日くらい、木のうろや地面の穴の中で過ごすが、移動期には毎日ないし数日に一回は引っ越しを行う。自分たちの周囲の餌を取り尽くしてしまうので、次の餌を探す場所を求めて引っ越すのだ。

バーチェルグンタイアリの引っ越しに現れたアリ型のハネカクシ(左下)(ST)

停滞期にも移動期にも、バーチェルグンタイアリやその他数種のグンタイアリ属の種は、さきほどたっくんが言っていた「ビバーク」といって、木の根元やうろ、倒木の下などに、アリそのものでできた仮の巣を作る。簡単にいえばアリが団子状にかたまり、その中に幼虫や女王が囲われた状態である。

その団子はバスケットボールくらいの大きさがあり、それが全部アリでできている。私と奇人はエクアドルで見たが、今回初めて見るたっくんは大興奮で、パチパチと撮影に夢中だ。

共生しているハネカクシの多くはアリの引っ越しを観察すると見ることができる。引っ越しは夜に行われることが多い。このビバークは雨風のあたる不安定なところにあり、

バーチェルグンタイアリの引っ越しに現れた新種のエンマムシ（中央付近）（ST）

見るからに移動期なので、今晩必ず引っ越すはずだ。逆に停滞期だと木のうろや地下など、安定したところにビバークがあることが多い。幸い、そのビバークは小屋から近い場所にあったので、引っ越しが始まるまで、何度か様子を見に行くことにする。

　ビバークは二人に任せ、私は私で、夕飯後、他の種のグンタイアリを探して、一人森の中を歩きまわっていた。不作のまま、深夜に戻るとたっくんと奇人はいない。

　明け方、観察を終えた二人が戻ってきた。たっくんに収穫物を見せてもらうと、かっこいいアリ型のハネカクシ[*11]やアリに色彩を似せた見事な新種のエンマムシ[*12]がたくさん採れているではないか。自分でも見てみたかったが、本当にありがたい。普通、撮影と採集を同時にこなすのは難しい。撮影をしているとどうしても被写体に逃げられてしまうからだ。その点、たっくんは撮影も採集も同時にやってのける神業の持ち主で、いつも助けられている。

たっくんがいちばん見たかったのは親指ほどもある巨大な女王アリだったそうだが、引っ越しの開始に気づいたときにはすでに行ってしまっていたようで、見られなかったという。さかんに悔しがっていた。

## トイレは臭いが役に立つ

調査はとにかく疲れる。そんな疲れた体に毎晩の食事ほど楽しみなことはない。しかしあるとき、白いご飯に炒めたバナナがおかずという食事が出た。つまり「バナナご飯」である。味うんぬんの問題ではない。タンパク質がない。こういうのは心底落胆するものだ。出発の朝にマルコと買い物に行ったとき、あまりにテキトーに買うので、これで足りるのかと疑問に思ったのだが、やはり足りなかった。要は無計画だったのだ。

釣り上げた魚（アステュアナックス）（ST）

そこで思い出したのが釣りである。私はいつも、旅行の際に釣り竿を一本持っていく。行った先で小魚を釣り、現地ならではの魚と対面するのが好きなのである。

このときほどこの釣り竿が役に立ったことはなかった。バッタを捕まえて針に付けると、面白いように十五センチメートルくらいの小魚が釣れるのだ。アステュアナックス[*13]という属の魚で、ピ

素揚げした魚を載せたご飯

ラニアと同じカラシン科の魚だけあって、なんとなくピラニアと似た顔つきをしている。

しかもよく釣れるのが、風呂代わりに毎晩使っていた川の淀みで、飲料水もそこの水を沸かして使っていた。風呂、飲料水、お魚。なんと素晴らしい淀みだろうか。

夕飯は、その魚を素揚げにして塩をまぶしておかずにした。臭みのない美味しい魚で、それからは飽きることもなく、幸せな食生活が続いた。

また、小屋の横にはトイレがあるのだが、簡単な仕切りの向こうにバケツが置いてあるだけである。私たちはそのバケツの中に用（大）を足す必要があった。なぜ「必要」なのかというと、チョウの「餌」にするからだ。ある程度溜まったとき、その中身を棒でかき混ぜ、あたりの河原にばらまく。そうすると、その匂いに色とりどりの美しいチョウがたくさん集まるのである。

チョウというと花に集まるという印象を持つ人が多いが、タテハチョウのなかまなど、熱帯の美麗なチョウに限って、糞に好んで集まるのだ。掃き溜めに鶴どころではない。河原に無数のチョウが集まる光景は啞然とするほど見事なものだった。この小屋も、本来は、そのような光景を見に来るチョウ愛好家のために建てられたものなのだ。私も子供のころにはチョウが大好きで、『世界のチョウ』（学研）などの図鑑を暗記するくらいに読み込んだ。今ではまったく集めていないが、これほどのチョウの群れを目の前にするとどうしても採りたくなってしまう。

そこで、昼のちょっとした休憩の合間、「青いチョウだけにする」と決め、オオルリオビタテハ[*14]やウズマキタテハ[*15]、ミイロタテハ[*16]などのタテハチョウや、南米に繁栄しているシジミタテハのなかまなどを、大学博物館に勤めている関係で、採ったらちょっとした展示会をしようという考えもうかび、ちょっとのつもりが、思わず夢中で採集してしまった。

人糞に来たオオルリオビタテハ

バケツのトイレ

切った葉を運ぶハキリアリ（ST）

## 約八十年ぶりの大発見

小屋の前にはハキリアリ属[*17]のアリの巣がたくさんあり、これも私たちを喜ばせた。ハキリアリは農業をする昆虫である。周辺の植物から葉を切り取り、それを巣に運び込み、発酵させて、そこにキノコを植え付ける。ハキリアリはそのキノコを主な餌としているのである。人間の農業とほとんど同じである。

またハキリアリは、キノコに雑菌が生えないよう、共生微生物から抗生物質をもらい、それをキノコに撒き、キノコだけが育つように制御さえしている。キノコはその抗生物質に耐えるように進化している。

アメリカ式の近代農法として、雑草が生えないように除草剤を畑に撒き、そこに除草剤に耐える遺伝子組換えの作物を植えるという方法があるが、ハキリアリの農業は、まさにこれと同じ方法であり、違いといえば、近代農法が環境に悪影響を与える可能性があるのに対し、ハキリアリのそれはまったく影響がない（可能性が高い）ということくらいである。

人間の農業はたかだか数千年の歴史で、近代農法はさらにここ数十年に開発された方法である。いっぽう、最近の研究によると、ハキリアリは三千万年も前からこの「最新鋭」の農法を行っていたというのだから驚きだ。

地中にあるハキリアリの一種の菌園

話は長くなったが、そういう虫が目の前にいる。なんと素晴らしいことだろうか。刈り取った葉っぱをヨットの帆のように咥《くわ》えて列になって運ぶ様子が緑色の川のようになっていて、なんともいえず美しく、そして不思議な光景だ。

また、そのキノコの畑を「菌園」と呼ぶのだが、そこにいくつかの共生昆虫がいることが知られている。有名なのは、アッタピラ[*18]という五ミリメートルほどの小さなゴキブリである。そこで、これを探すため、私たちはハキリアリの巣を掘ってみることにした。

だが、ハキリアリは硬い葉っぱを刈り取ることができるので、大顎の力が強く、咬まれると一撃で出血するほどである。しかも、地下のどこに菌園があるのかもわからない。

困っている私たちを見たホセは、さっと駆け寄って、い

ホセが素手でハキリアリの巣を掘る（ST）

菌園にいる小さなゴキブリ（アッタピラ）（ST）

きなり地面を掘り始めた。小屋のまわりの踏み固められた地面なのだが、なんとまったくの素手である。公園の歩道の地面を素手で掘るといえば想像がつくだろうか。スコップでも硬いくらいの場所である。

これには目を疑った。私たちには絶対できないし、無理にやったら一瞬で爪が剥がれ、手が傷だらけになりそうだ。

すると、ものの数分で、ホセが菌園を取り出してくれた。日本語どころか英語もわからないのに、よく私たちの気持ちが通じたものだ。あとで聞いたところによると、ハキリアリの巣を掘るのは、このあたりの子供の遊びだそうだ。どうりで手慣れているわけだ。

さっそく、その菌園をくずしてフルイにかけてみると、すぐにそのゴキブリが現れた。ゴキブリといっても、とてもかわいらしい姿をしている。

さらに調べていくと、見慣れない甲虫が見つかった。

アリの背に乗るアリヅカムシの一種（アッタプセニウス）（ST）

「ぎゃああああーーー！！！　アッタプセニウス！！！」[19]

思わず奇声をあげた。ハキリアリの巣の中に生息するアリヅカムシ（ハネカクシ科）の一種である。しかもアリに抱きついて仲良くしている。

好蟻性昆虫研究の大先輩であるデイビッド＝キストナー博士[20]による総説で、私が研究上のバイブルとしている『社会性昆虫の寓話集』という論文がある。それには世界の主要な好蟻性昆虫が図示されていて、そこにアッタプセニウスの横向きの線画が出ているのを思い出したのだ。帰国後に調べてみると、一九三三年に発表されて以来、実は誰も再発見していなかった。

海外の博物館に標本が少数存在するだけで、書籍などにも写真さえ出ていない。もちろん、アッタプセニウスの生きた写真の撮影は今回が世界初となった。

これは本当に嬉しい大発見だった。こういう誰もやらないことをやると、びっくりするような発見があるものである。

## アリの行列と回転寿司の類似性

行列を眺めて、そこに交じっている好蟻性昆虫を採集する。これは私にとって至福のときであり、もっとも興奮する時間である。

たとえば毎食でもいいぐらい寿司が好きな人が、回転寿司に行ったとする。そのお店は直接注文できないし、なぜか滅多に寿司がまわってこない。仕方なく何十分もじっと待っていると、突然、穴子や活きアジ、中トロ（以上、私の好物）がまわってきたら、大喜びするだろう。

おかしなたとえかもしれないが、実際にこの状況に近い。アリの行列は、長いときには十時間以上、延々と続き、まるで無限のベルトコンベアーのようである。

とにかく辛抱強く、そのようなアリの行列を眺めていると、そこにいきなり「大好物」ならぬ「宝物」であるハネカクシやエンマムシがやってくるのである。何時間も待ってようやく一匹ということも少なくない。ハネカクシなどはアリによく似ているのだが、その美しさも、待ちに待った嬉しさも、言葉にしようもないほどである。

ある晩、小屋で標本の整理をしていたら、たっくんが見つけたばかりのアリを見せに来てくれた。

「変わったグンタイアリがいます。フトグンタイアリ属[*21]のアリですかね？」

「おおっ、間違いない！ どこにいたの？」

昔、この属のアリの行列から、いろいろなハネカクシが採集されたという論文があるが、近年の記録はまったくない。大慌てで吸虫管を握りしめてその場所に駆けつけた。

フトグンタイアリの行列を観察し、吸虫管でハネカクシを採集しているところ

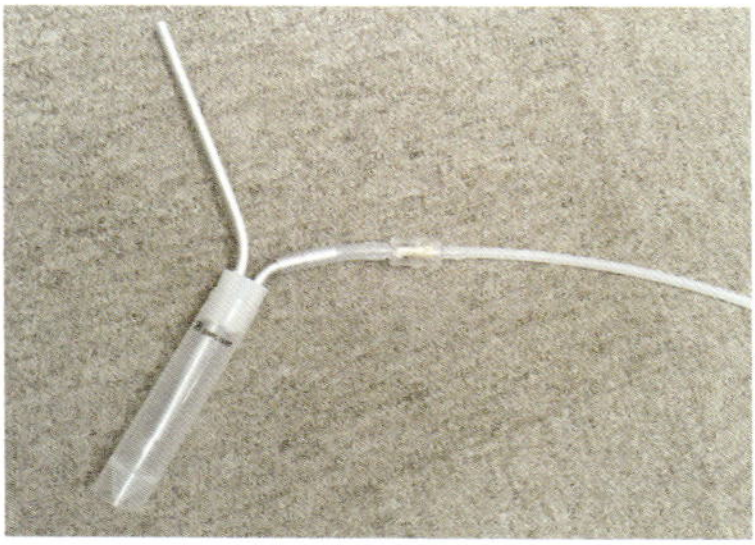
採集の必需品である自作の吸虫管

ちなみに、私たちにとって、吸虫管という道具は命である。調査旅行ではパスポートの次に忘れてはならない持ち物と言える。預け荷物が紛失しそうな国では、わざわざ手荷物に予備を入

フトグンタイアリの行列に現れたハネカクシ（エキトクリプトゥス）（ST）

れていくくらいだ。

簡単に言うと、細いホースの途中に容器があり、片方を虫にあて、もう片方を口で吸うと、容器の中に虫が溜まる仕組みである。好蟻性昆虫には体が小さくてもろい虫が多く、指やピンセットで直接つまむことはできない。また、アリの群れのなかから、アリをあまり刺激せずに、目的の好蟻性昆虫を採集するためにも、この道具が有効なのである。とくにグンタイアリのように神経質で獰猛《どうもう》なアリの場合、アリを刺激すると私たちの体に這い上がってきて、大変なことになる。

たっくんが案内してくれた場所に着くと、さっそく、地面に座ってフトグンタイアリの行列を眺める。

「あああ！！！　エキトクリプトゥス[*22]だ！　おおおお!!　ワズマニナ[*23]だ!!」

初めて見るハネカクシがたくさん、しかも何種もいるではないか。とくにエキトクリプトゥスというのはアリにそっくりで、ふと目を離すと見失ってしまうくらいによく似ている。その擬態の見事さに息を呑んだ。また、どのハネカクシも五十年以上前にブラジルで見つかって以来、まったく記録のないものである。この道の大家であるキストナーさんでさえ、このなかまを採集したことがない。

同じくハネカクシ（ワズマニナ）（ST）

たっくんと奇人は撮影。私は撮影済みのハネカクシがやってくる行列のさらに先に陣取り、夢中になってハネカクシを吸虫管で吸った。私のこれまでの昆虫人生において、これほど充実して幸せな時間はあっただろうか。大好きなアリ型のハネカクシ、しかも何十年も見つかっていなかった憧れの珍種の数々を、よりどりみどり……。私はこのために生きていたのだ!!

夜中に行列が終わり、小屋に帰ってくるとたくさんの戦利品を前にうっとりした気分になって、体は疲れているが、頭はギンギンに冴えてしまい、その晩はなかなか寝付けなかった。

その後もたっくんの快進撃は続き、後日、小型のグンタイアリであるヒメグンタイアリやマルセグンタイアリなどの行列も見つけ、そこからハネカクシをたくさん採集してくれた。もうなんと言ってよいか。持つべきものは採集の上手い友人である。

## パラポネラに悶絶

南米には人を刺す昆虫で、毒性面で恐ろしいものは案外少ない。世界の猛毒昆虫で恐ろしいものの筆頭といえば、実は日本を含むアジアに繁栄しているオオスズメバチなどの大型スズメバチである。意外なことに、アジアのスズメバチほど恐ろしい昆虫は世界にはいないのである。

しかし南米にも少しは怖い猛毒昆虫がいる。その点で有名なのは「パラポネラ」[*24]とも呼ばれるサシハリアリであろう。まず、体長がアリとは思えないくらいに大きい。それこそ小型のスズメバチほどもある。そして、その和名のとおり、人を刺す毒針を持っているのである。

南米のとある部族では、このサシハリアリが入った袋に手を入れ、刺された痛みに耐えたものだけが成人になれるという通過儀礼がある。そんな思いをしてまで成人になりたくない。また、刺されたら死ぬとか、最悪、首だけを出して土に埋まらないと治らないとか、迷信も多い。ともかく刺されると危険なアリで有名なのだ。

初日に小屋に到着してみると、そのサシハリアリがあたりにたくさんいることに気づいた。小屋のまわりの地面を見渡すだけで、何頭ものサシハリアリが歩いているではないか。たっくんは大喜びでピンセットでつまんで撮影していた。

ある日の夕方、疲れ果てて小屋までたどり着き、一階のベンチに座ると、お尻の下のほうに激痛が走った。

「ううぅぅぅ……!!」

思わず息が詰まり、あまりの痛みに悶絶する。立ちあがってみると、お尻の下に私を刺したサシハリアリが悠然と歩いていた。とても硬いアリなので、上から人間が座ったくらいではつぶれないのだ。

刺されると痛いサシハリアリ(ST)

悶絶は五分くらい続き、それから三十分ほどは「普通の激痛」とともに、脚の付け根のリンパ腺がジンジンと痛み続けた。
『うん。これはたしかにすごく痛い』
うわさに聞く痛みに、悶絶しつつも、納得する自分がいた。
この旅行では、奇人もたっくんも刺され、結局は全員が同じ痛みを味わった。基本的には小型のスズメバチと同じくらいの痛みであって、死ぬほどの痛みではない。ただし、三人とも虫さされに強いのでなんともなかったのだが、スズメバチ同様、アレルギー体質の人は注意する必要があるだろう。

腹を毛虫のように曲げるメダマヤママユの一種

大顎が長いオオアゴヘビトンボ

枯れ葉のようなキリギリス（ST）

## 灯火採集の楽しみ

マルコとホセが小屋の前に白い布の幕を張り、そこに毎晩、水銀灯をつけてくれた。これを「灯火採集（ライトトラップ）」といい、要は光に集まる虫を効果的に採集する方法である。

夕食後やグンタイアリ探しの合間にこれを見るのも楽しみの一つだった。

いろいろと面白い虫が来たが、いちばん印象的だったのは、ヤママユとスズメガという大型の蛾の種数の豊富さである。

とくにヤママユは毎晩十種以上が飛来した。ヤママユのなかまは日本では十種程度しか生息しないが、南米には数百種が生息している。日本にはいないような、触ると腹部を毛虫に擬態させつつ死んだふりをするケムシヤママユ[*25]や、立派な目玉模様があるメダマヤママユ[*26]などがどんどんとやってきた。さきほど猛毒昆虫の話をしたが、これらのヤママユガ幼虫（毛虫）は、触らない限り安全だが、きわめて強い毒を持つことが知られている。

さらに昔から見たいと思っていたオオアゴヘビトンボ[*27]という非常に長い大顎（キバ）を持つ奇怪な昆虫も飛来した。

状況が良かったのか、毎晩ものすごい数の虫が飛来し、私はヤママユとスズメガも好きなので、せっせと採集した。

また、夜間に小屋のまわりの木々を見ていくと、葉っぱそっくりのキリギリスがいろいろと見つかった。ボロボロになった枯れ葉のようなもの[*28]もいて、その擬態の見事さには舌を巻いた。

## ステュロガステルの魔力

グンタイアリにはさまざまな生物が共生しているが、それらはアリの中に交じっているだけではない。グンタイアリの行軍によって周囲へ追い出されたバッタなどを狙って行列を付け狙う、「アリドリ」と総称される鳥のなかまもいる。また、カロデクシア[*29]というヤドリバエの一種も、同じようにして追い出されたバッタに産卵するため、グンタイアリの狩りの行列の先頭に現れる。

シマに六日間滞在した後、サティポの町を拠点として、付近のあちこちの森をタクシーでまわったのだが、あるとき、狩りをしている最中のナミグンタイアリ[*30]の行列を発見した。

そのとき、あるものに奇人の目が釘付けになった。行列の先頭を飛ぶステュロガステル[*31]というメバエ科のハエである。奇人にとって、実はこのハエの撮影が今回の旅行のいちばんの目的だったらしい（私たちは事前に目標を語り合ったりしないので、あとで知ることが多い）。

そのハエはグンタイアリに追い出されたゴキブリに専門に産卵するため、行列の先頭をはりつくように空中浮揚している。当然、奇人は撮影のために行列の先頭を追いかけた。ところが、ステュロガステルを見つけて間もなく、その行列の先頭は崖の上、しかも藪《やぶ》の中に入ってしまったのである。その先をさぐろうと悪あがきする奇人。タクシーも待っているし、これ以上は仕方がないと帰ることにするが、そのときの奇人の悔しそうな顔といったらなかった。

私もそうだが、目当ての虫を見つけて取り逃がしたときほど悔しいことはない。夜にふと思い出して、叫びたい衝動に駆られるくらいだ。きっとこのときは奇人にとって忘れられない出来事になっただろう。

その付近ではシマになかったシロアリの巣が豊富で、ホセがいくつかを割ると、シロアリそつくりのハネカクシが出てきた。テュレオクセヌス[*32]という、甲虫とは思えない珍奇なもので、論文では知っていたが初めて見て感動した。ハネカクシはアリだけでなく、シロアリとも共生するものがいる。そしてアリと共生するものにアリ型のものがいるように、シロアリと共生するものにはシロアリ型のものがいるのである。ブヨブヨとしており、まるでシロアリの幼虫だ。

白い個体が、シロアリ幼虫に似たハネカクシ（テュレオクセヌス）（ST）

ホセが持つ樹上性のテングシロアリの巣

そもそもアリとシロアリはまったくの遠縁で、アリはハチのなかま、シロアリはゴキブリのなかまである。それぞれ完全変態、不完全変態という根本的な違いもある。完全変態とは、チョウのように幼虫から蛹《さなぎ》を経て成虫になることである。いっぽう、不完全変態とは、成虫になる前に蛹の時期を持たず、幼虫から脱皮しながらそのまま成長し、最後の脱皮で翅が生えることである。アリとシロアリそれぞれに並行的に社会性が進化し、それらに共生するハネカクシもそれぞれに進化した。なんとも面白い。

また、アリやシロアリに共生者が似ることになんの意味があるかというと、簡単にいえば、アリやシロアリの社会に上手に紛れ込むためである。

そもそもアリやシロアリは目がほとんど見えず、さまざまな匂いをかぎわけて、なかまどうしでやりとりをしている。そうなると、アリやシロアリに姿を似せることにはあまり意味がないようにも思えるが、匂いをまねたうえ、触れたときに形や体表の構造が似ていると、本当に巣なかまのように扱われるようだ。それによって、ハネカクシは、より安全かつ快適に暮らすことができる。

## もしや、売ったんじゃないか

結局、十日以上を採集調査に費やすことができた。再びタクシーの長旅でリマに戻り、標本の輸出許可の申請などを進める。ただ、その場では許可が出ないそうで、あとからマルコに送ってもらうことにする。その申請料やマルコへのチップなど、相当な額を支払った。ペルーはまずまず郵便事情が良いとのことで、安心である。

なお、標本は生きたまま持ち帰るわけではない。普通は酢酸《さくさん》エチルという有機溶媒を気化させた瓶（「毒瓶」と呼ぶ）の中で殺し、綿の上や紙に包んで乾燥させるか、小さな瓶の中でアルコールに漬けて持ち帰る。アルコールに漬けない場合、しっかり乾燥させないと、輸送の途中で腐ってしまうので、乾燥剤のシリカゲルを現地に持って行くことも多い。

帰国し、それから三ヶ月経っても標本が来ない。せっかく採った標本のことを考えると不安な日々が続いた。そこでしびれを切らし、別の知り合いのペルー人にあたり、再度送金し、マルコから標本を受け取ってもらい、なんとかツノゼミやハネカクシなどの小さな標本を送ってもらうことができた。あまりにも待ち遠しく、到着日には思わず郵便局まで取りに出向いたほどである。これで研究用の標本は手元に届いた。

展示に使う予定だったチョウや蛾、大型甲虫などの残りの標本も待ち遠しい。しかし、それらは一向に届く様子がない。

さらに半年後、マルコからメールがあった。

「あの標本がなくなってしまった！　はて、どこに行ったんだろう？」

「は？　もしや、売ったんじゃないか？」

「そんなことない。なくなったんだ」

おそらく私の疑いは間違いないだろう。彼らにとっては身近な虫であるが、すぐに売れる状態できれいに包んであるものは、すぐにお金にしたかったに違いない。また、身近な虫だからこそ、私に送らないことにあまり罪悪感はないのだろう。

ハネカクシやツノゼミが売られなくてよかったと心底思った。ツノゼミなどは世界的に収集家が結構いるので、売ろうと思えば売れてしまう。

チョウや大型甲虫の標本は思い出だけになってしまったが、ハネカクシやツノゼミだけで十分といえば十分である。いやいやいやいやいや、そんなに大人になれない。正直言って、チョウや甲虫の標本のことは、思い出すたびに悲しい。おそらく売ってしまっても、一匹数ドル程度の安価な普通種ばかりであるが、この手で捕まえた虫はお金で換算できるものではない。

そんなことはあったが、たっくんのおかげで成果もあり、最後の失敗を差し引いても、十分に楽しかった。奇人はステュロガステルに後ろ髪を引かれつつ帰国後ずっと落ち込んでいたので、また一緒にペルーを訪れようと約束した。

見たい虫はたくさんいる。私たちの旅はまだまだ続く。

# 第2章　アリの逆襲

――ペルーその2　2013年9月

## こんどはアマゾンへ

再びペルーに行く機会は意外と早くやってきた。二〇一一年の三月、忘れもしない東日本大震災があったとき、私はイギリスのロンドンにある自然史博物館（旧大英博物館の自然史部門）に長期滞在していた。その際、アメリカ留学中で、たまたま母国イギリスに里帰りしていたジョセフ＝パーカー（以下、ジョー）と知り合い、意気投合した。彼はショウジョウバエという小さなハエの遺伝学的な研究をしていたが、生来の虫好きで、とくにアリヅカムシが大好きだそうだ。

それからはジョーが日本に遊びに来たり、さまざまな交流が続いたのだが、私たちがペルーで採集したアリヅカムシであるアッタプセニウスの写真を見せたとき、とても興奮したようで、私も嬉しくなって、ぜひ一緒にペルーに行こうということになった。

前回は標本の輸出許可などで心底やきもきさせられたので、今回は現地の博物館の研究員を頼って、保護区における調査許可の取得や輸出許可の申請を行うことになった。保護区の許可があれば、良い環境で思い切り採集ができる。たくさんの書類を提出しなければならなかったが、ジョーと相談しつつ、なんとか調査に間に合った。

こんど行くのはアマゾンだ。

「アマゾン」

今や某通販で聞きなれた言葉になってしまったが、昔から夢に見た場所である。ピラニア、ジャングル、川口浩……いろいろなものが心にうかぶ。

プエルト＝マルドナード空港着陸前に飛行機から見たアマゾン川支流

## 三日もかけて行ったのに

福岡、成田、ヒューストン（アメリカ）、リマ（ペルー）。そして、リマに宿泊後、さらに国内線を乗り継いで、プエルト＝マルドナード[*33]というペルー南東の町にたどり着いたのは、福岡を出てから丸三日後の昼だった。

着陸直前の飛行機から望む風景は、蛇行する川の周囲にどこまでも密林が広がり、夢にまで見たアマゾンそのものだ。

滞在地はその名も「エクスプローラーズ＝イン[*34]（探検者のホテルという意味：以下、イン）」である。プエルト＝マルドナードから船で数時間の、タンボパタ自然保護地区[*35]という場所にあるそうだ。町にあるインの事務所で受付と

宿の長屋風コテージ

支払いを済ませ、さっそく船に乗る。

今回はジョーと奇人と私の三人が調査者として参加し、リマの博物館の研究員であるホセ（以下、ゴンタ）が同行してくれた。彼によると、ペルーでは日本でやっていた『できるかな』という工作の番組が大人気だそうだ。その番組のマスコットに「ゴン太くん」というのがいるのだが、ぽっちゃりしたホセはゴン太くんにそっくりなので、本当にみんなにそう呼ばれているという。

船からはカピバラ、ワニ、コンゴウインコなど、いろいろな動物の姿を見ることができた。足元の水の中にはピラニアや大型のナマズがいるに違いない。憧れのアマゾン川の支流である。胸が高鳴る。そしてようやくその日の夕方に宿泊地に到着した。

インは、エコツーリズムと調査基地を兼ねたところで、洒落た長屋のような造りの建物がいくつかある。その一部屋が私たちの住居となった。

ところが、ところがである。いざ森へ出かけようとしたら、そこの女主人から調査してはダメだと言われてしまったのだ。

このとき知ったのだが、ゴンタが手を尽くして許可の手はずを整えてくれていたので国の許可は下りていたものの、調査地であるマードレ＝デ＝ディオス県の許可がまだ下りていなかったのだ。しかしゴンタは、申請中ということで調査が可能だと思っていたという。たしかに申請中で調査可能なことはよくあり、ゴンタのせいではない。仕方なく、最後の船で町に引き返すことになった。

それにしても、大荷物を川岸からの長い階段を上って引き上げたばかりだというのに、そもそも三日かかってようやく着いたのに、これにはがっくりときた。

## 調査できるっかな

プエルト＝マルドナードのホテルに泊まり、翌日の午前中にゴンタとジョーが役所をまわってくれ、無事に許可を取得。その日の夕方にようやく宿に入ることができた。本当はもっとかかると思っていた。調査「できるっかなー♪」と思っていたので、とてもありがたいことである。

さっそく、その晩はジョーが持ってきた灯火採集用の幕とブラックライトに、私が持ってきたHIDのライトを照射し、灯火採集を行う。

すると、驚いたことに、たくさんのツノゼミがやってくるではないか。これは幸先がいい。とくにハチマガイツノゼミ[*36]というハチそっくりなツノゼミが何頭もやってきたのは嬉しかった。

ハチそっくりのハチマガイツノゼミ（KT）

翌朝は森の中を歩く。あちこちにハキリアリの行列があり、とても巨大なものもあった。巣は地下にあるのだが、その上はいたるところにトンネルがあいていたり、土を掘った山ができているので、すぐにそれとわかる。大きな巣では、十メートル四方くらいの規模のものもあった。ジョーがアッタプセニウスを探すと張り切っている。

私の目的は好蟻性昆虫全般だったのだが、やはりグンタイアリを探したい。奇人も同様にステュロガステルを撮影するために、グンタイアリを見つける必要がある。そこで、二人で手分けして、違う遊歩道を歩くことにした。下を向き、ひたすらにグンタイアリの行列を探す。

インには、他にも何人かの調査者が泊まっていた。アメリカ人のケビン、スイス人のリサ、イギリス人のステファン、そして南アフリカから来たダニエルとクリッシーの夫妻だ。エコツーリズムや環境保全の研究のために来ていて、みんな数ヶ月単位の長期滞在者だ。

彼らにも私の目的を伝え、グンタイアリを見つけたら教えてくれと頼んでおいた。

## グンタイアリ見つかる

初日から数日間、私と奇人はひたすらに地面を見ながらグンタイアリを探すが、なかなか見つからない。他のみんなも、数日前に見たという情報をくれるが、教えてくれた場所に行ってみても見つからない。グンタイアリは捕食者としての役割から、生態的に重要な存在だし、エクアドルや前回のペルーの経験からも、決して少ない虫ではないはずである。

アマゾンの巨木と今回調査に参加した3人（左から、奇人、筆者、ジョー）

この森は素晴らしい環境だ。砂質の土壌のため、大きく育った木は片っ端から倒れてしまうようで、太い木こそ多くないが、まぎれもないアマゾンの原生林である。ただ、あまりに深くて良い森だと、昆虫の数が少ないのが普通である。

原因は不明だが、生態系のバランスが保たれていると、どの生物も多すぎず、少なすぎず、数が保たれる。バランスがくずれると、何かが突出して増え始め、それを機に他のものも増えると私は想像している。これは世界的な傾向で、本当の原生林ではとくに虫が見つけにくい。そういう場所では、川に魚も目立たないし、鳥の声も少ない。ここでグンタイアリの密度が低いのも、おそらくは森が良すぎるせいだと思われた。

先述のダニエルはとてもいい奴で、ある日の午後、私たちが焦っていると、「三日月湖に遊びに行かないか」と誘ってくれた。地図で見ると、インから一時間ほど歩いた場所にある。

その途中、ようやくバーチェルグンタイアリを見つけることができた。そして行列をたどり、ビバークのある場所を突き止めることもできた。バーチェルグンタイアリは朝に活発化するので、翌朝再度出かけることにする。

三日月湖とは川が流路を変える過程で取り残された湖である。そこにはボートがつないであり、ジョーとダニエルが漕ぎ役で、奇人と私が乗せてもらうことになった。

しばらく進むと、ツメバケイという鳥が岸辺に見えた。翼に爪があり、始祖鳥のような風貌のすごい鳥である。また、遠くにオオカワウソの群れもいる。家族で移動しながら魚を捕まえて食べている様子が観察できた。絶滅が危惧される貴重な哺乳類である。

ツメバケイやオオカワウソが見られるとは思わず、本当に感激し、グンタイアリの発見もあったし、連れてきてくれたダニエルにはなんとお礼を言ってよいのかわからなかった。

夕食後、普段は寡黙な奇人が息巻いている。

「明日、絶対、ぜーったいステュロガステルを撮影します！　だから早く寝ます！」

晴天の場合、バーチェルグンタイアリの狩りは朝から始まることが多い。その時間を狙って、狩りの先頭にいるステュロガステルを探そうというわけだ。

翌朝、撮影の邪魔をしないよう、奇人を先に行かせ、別のことを済ませてから、一時間遅れてバーチェルグンタイアリの場所へと向かう。

到着すると予想通りバーチェルグンタイアリの狩りの行列があり、その先頭を追いかけるようにして奇人がいる。どうやら目的のステュロガステルは見つかったようだ。見てみると、ステュロガステルは空中浮揚しながらピンピンと瞬間移動している。これは撮影が難しそうだ。やがて奇人は、半殺しにしたゴキブリを使って、ステュロガステルを操り、無事に良い写真を撮影することに成功していた。

奇人は生物に関する感覚がとにかく鋭い。昆虫でもなんでも、どこに現れるのか、そして、どういう動きをするのかを即座に見抜き、見事に撮影する。ときにほとんど神業と言ってよいものを見せてくれる。これもその典型だ。奇人の奇人たるゆえんであり、奇人とはこれ以上の特技のある人間はいないという褒め言葉である。

逆に日常生活におけるさまざまな作業が苦手で、奇人の神業を褒めたときに、こんな名言も

ようやく見つけたステュロガステルの一種（KT）

残したことがある。

「他のことが何にもできないんだから、こんなことができたっていいじゃないですか」

私も行列を観察し、無事に何種かのハネカクシを採集することができた。バーチェルグンタイアリと共生する一部のハネカクシは、引っ越しだけではなく、狩りの行列にも同行するので、とても簡単に採集できるのである。

その晩は高価なビールを奮発し、ステュロガステルを無事に撮影できたことをお祝いした。滞在している仲間たちも、奇人の写真を見て、とても感動していた。

たかが小さなハエの写真ではあるが、奇人の写真には、そのハエを知らない人が見ても感動させられる何かがあるのである。

## アリのお礼参り

それから数日後、こんどは奇人がグンタイアリの行列を見つけてきた。行列をたどっていくと、木のうろにビバークがあった。どうやら停滞期、つまり女王が産卵中で、毎日は引っ越ししないものである。

エクアドルの調査も合わせて、バーチェルグンタイアリを見つけたのはこれで五回目くらいだが、ビバークのまわりにある昆虫の死骸（食べカス）の量や、アリたちの落ち着きぶりを見て、なんとなく巣の状況や動向が見える。これは間違いなく女王アリが産卵中の停滞期だ。でも、せっかく好蟻性昆虫の豊富なバーチェルグンタイアリなので、引っ越しまで待ってみたい。ある晩、ジョーと一緒に出かけ、引っ越しが行われているのか見に行くと同時に、ビバークを刺激してみて、どうなるかを試してみることにした。

ただ、そのビバークは遊歩道から五十メートルほど離れたところにあり、森の真っただ中である。昼間は倒木などの位置関係で、遊歩道に戻れるが、夜は方向を見失うと危険である。またここはあまりに高い木がたくさんあって、GPSの電波も今一つである。

そこで、明るいうちに遊歩道から、白い紙切れを五十センチメートルから一メートル間隔で置いて、ビバークの場所まで行き、帰りにその紙切れをたどって帰ろうということになった。

結局、夜九時過ぎまでかかって、ビバークに木の枝をつっ込んだりして刺激するが、ビバー

木のうろにあるビバークから共生者を採集するジョー

クから少数のハネカクシを採集したり、怒ったアリに咬まれまくったくらいで、何も起こらず、帰ることにした。

さて目印を頼りに帰ろうと思ったときのことである。

「（遊歩道への）目印がない！」

よく見ると、小さなアリが白い紙を粉々にして運んでいるではないか。目印は完全にないか、数ミリメートルの切れ端で、私たちは遊歩道への方向を失ってしまったのだった。

遊歩道まではたかだか五十メートルほどである。方向もあるていどわかるし、なんとかなるだろうとこのときはタカをくくっていた。

勘を頼りに、遊歩道へと向かう。しかし、いつまで経っても遊歩道が見えない。蒸し暑い森の中で、汗と冷や汗が同時に背中を伝う。

最初、私を先頭にしていたが、ジョーに交代する。ところが、後ろからジョーの背中を見ていると、明らかに右のほうへ曲がっている。

「ジョー！　右に微妙に曲がっているよ！」

どの方向を見ても同じ風景が続く森で、しかも暗闇のヘッドライト頼りで、ときに藪や倒木を避けながら歩くというのは、目をつぶって歩いているも同然である。ジョーに言わせると私も同じく曲がっているそうだ。その後、何度も方向を補正しつつ移動するが、しまいにはどれが合っているのかわからなくなってしまった。

『なるほど！　夜の森の中で人はまっすぐ歩けないものなのか！』

緊急事態で相当焦っていたものの、この点だけは妙に感心してしまった。

朝まで待とうかなどと相談しつつも、まだそんなに遊歩道から離れていないという気もする。そんな自分たちを信じて、二時間ほど森の中をさまようと、ようやく遊歩道へ出た。思わずジョーと抱き合って喜び、急いでインに戻って、ビールで乾杯した。

あとで地図で確認すると、かなり森の奥深くをさまよっており、少しでも方向を間違えていたら、確実に遭難していた。このときには、ＧＰＳをインに置いてきた自分を恨んだ。きちんと持っていたら、もう少し早く出られただろうし、万が一迷っても、何日か歩いて川べりにでも出たら、なんとか帰れたかもしれない。

言い訳に過ぎないが、もともと遊歩道から森の中に深く入る予定はなかったし、少し入る場合も慎重に目印を付けようと思っていたからである。まさかアリに目印を持っていかれてしまうとは。これからはどんな場合でもＧＰＳ[*37]を持っていこうと心に誓った。

ちなみに、そのアリはキヌゲキノコアリという原始的なハキリアリのなかまである。ハキリ

紙の目印を持ち去ったキヌゲキノコアリの一種（KT）

アリは種によっていろいろな植物質を持ち帰って、菌園の材料にするのだが、この種は風化しかけた葉の繊維質を巣に持ち帰るようで、紙はそれに近く、まさに彼らの好みだったのである。
これまでたくさんの虫を殺してきた。アリも数え切れないほどの巣をほじくり返して、迷惑をかけてきた。そんなアリに復讐されたような気がした。

## 恐怖のピラニア釣り

アマゾンといえばピラニアである。昔、テレビのドキュメント番組で何度か、肉に集まるピラニアを見て以来、いつか自分でピラニアを釣ってみたいと思っていた。

インにいたステファンにそのことを話したところ、すでに何度もこの近くで釣っているという。しかも、彼もまた行きたいので、明日にでもピラニアを釣りに連れて行ってくれるという。当然、一も二もなく飛び付いた。

女主人は勝手な採集調査は固く禁じていたが、食べられるピラニア釣りは「いいよ」となぜか簡単に許可してくれた。

最初、私はカエルかトカゲでも捕まえて、それを餌にすれば釣れるのではないかと思っていたのだが、ステファンに言わせると肉、それも鶏肉ではなく、牛肉のほうが圧倒的に釣れるという。結局、彼がインの冷蔵庫から牛肉をもらってきてくれ、それを餌にすることになった。

また、あまり考えていなかったのだが、ハリス（釣り針を結び付ける先端の釣り糸）には針金を使うことが絶対だという。そうでないと一発で切られるそうだ。

釣り具店には岩場に住む大物用のワイヤーハリスというものも売られているが、残念ながらそれは持っていなかったので、宿の倉庫にあった電気のコードをわけてもらい、持ってきていたルアー針に結び付けて仕掛けとした。

森の中を二時間くらい歩いて目的の三日月湖に到着。森の中にはいくつもの三日月湖があり、今回は前とは別のところである。さっそく仕掛けに三センチメートル角くらいの牛肉を付けると、果たして、いや果たしてという前に、五秒くらいでピラニアが食いついてきた。あまりに呆気なかったが、引きが強く、とても面白い。その後、餌がなくなるまで、ずっと入れ食いが続いた。おそらく、湖の中に高密度にピラニアがいるわけではなく、嗅覚が非常に鋭いため、肉の匂いに釣られてたくさんの個体が遠くから集まったのだろう。

ピラニアの歯は本当に鋭く、針を外すのがとても怖かった。針金のハリスに関しても、実際にその顎の威力を目の前にすると、まったく大げさでないことがわかった。

ピラニアを釣って満悦の筆者

その晩に宿泊客にふるまわれたピラニア料理

水面はピラニアだらけで、万が一落ちたらと思うと肝が冷えた。興奮したピラニアは何にでも咬みつくようで、なかまの歯型が付いたピラニアもよく釣れた。そのような状況であれば、たとえ出血がなくても、もし水に入れば、間違いなく襲われてしまうだろう。

　また私たちの目の前にオオカワウソの家族がやってきて、ピラニアを捕まえてムシャムシャと食べていた。愛嬌のある顔をしていながら、恐ろしいピラニアを食べるという対比も面白い。それにしても、よく咬みつかれず捕まえ、それを器用に食べるものだと感心した。

　釣れたピラニアは二十五センチメートル程度の中型種で、黄色いものと白っぽいものの二種が釣れたが、種名はよくわからなかった。

　宿に持ち帰ると、ハモの骨切りのように細かく包丁を入れ、ムニエルにして客全員にふるまわれた。癖がなく、とても美味しい魚だった。念願のピラニア釣りを達成し、気持ち良い余韻に浸りながら舌鼓を打った。

## サシガメとヒカリコメツキ

毎晩のように灯火採集をしたのだが、そこで必ず飛来したのはロドニウス属[*38]のオオサシガメの一種だった。このサシガメの恐ろしいところは、シャーガス病という南米特有の風土病を媒介する点である。

寝ている間にこのサシガメに刺されると、無意識にそこを掻いてしまう。サシガメは刺しながら糞をするのだが、その糞の中に病原体が混じっていて、掻いた際にその傷口から感染してしまうのだ。この病気は決定的な治療法がなく、感染して数十年後に心臓や消化器に問題が起きることがある。

ここは流行地域であり、インのすぐそばで、毎晩のようにそのサシガメが飛来するというのは、なんとも恐ろしい気持ちがした。幸い、帰るまでに刺された形跡はなかったが……。

夜間、サシガメは怖かったが、周辺を飛ぶヒカリコメツキには感動した。ホタルのように光るコメツキムシで、その光はホタルの何倍も明るい。何匹か集めたら本が読めるくらいだ。なかには黄色とオレンジの二色の光を放つものもいて、それが空を飛ぶ様子はなんとも言えず美

シャーガス病を媒介するオオサシガメの一種（KT）

2色の光を放つヒカリコメツキ（KT）

宿の凶暴なコンゴウインコ

しかった。

またサシガメ以上に怖いものもいた。宿にコンゴウインコが飼われていたのだが、非常に気性が荒い。その部屋は唯一電源のあるところで、充電に行くたびに攻撃してきたのには参ってしまった。

## ハキリアリの巣にカエル？

グンタイアリ探しの合間には、ハキリアリの巣を掘る作業も行った。ジョーの目的であるアッタプセニウスというアリヅカムシを探すためである。

前に書いたように、ハキリアリはとにかく咬む力が強い。掘っている最中にも全身を這い上がり、咬みついてくる。そして何度かに一回は出血する。ゴム長靴の底さえ切ってしまうほどだ。

強力な大顎を持つオオズハキリアリ(KT)

大型のハキリアリは二種いて、一種はムツトゲハキリアリ[*39]、もう一種はオオズハキリアリ[*40]というもので、とくにオオズハキリアリの兵アリは非常に大型で、咬まれるとスパッと皮膚が切れる。

しかし、何度も何度も掘り続けていると、あまり痛みも気にならなくなるし、大きな兵アリが服に這い上がらないように気をつければ、そんなに流血沙汰にならないこともわかった。これも痛い思いを経ないと体得できない技である。

結果を言うと、この調査だけで数日間を費やしたものの、ジョーの目的であったアッタプセニウスは見つからなかった。前回のペルー調査でアッタプセニウスが見つかったハキリアリの種がこちらにはいないようだ。ジョーのいちばんの目的が果たせず、とても残念である。代わりに新種のアリヅカムシが見つかったが、アッタプセニウスほどの変わったものではなかった。

また、私たちの滞在中に、アメリカ人研究者らの面白い調査の様子に立ち会うことができた。なんと彼らは私たちと同じようにハキリアリの巣を掘っているのだ。何をしているのかと聞くと、カエルを調査しているという。

「え？　ハキリアリの巣にカエル？」

恥ずかしながら、このときまで私はハキリアリの巣にいるカエルの存在を知らなかった。リトドュテス＝リネアートゥス[*41]という赤い筋が二本あるきれいなカエルで、このカエルは特殊な物質を体表から出し、それによってアリに襲われずに巣に侵入し、外敵のいない巣の中で産卵するというのだ。

ハキリアリの巣の中に成体のカエルと卵があるところを見せてくれた。地下水のある場所では、巣の中に水が溜まっており、そこに産卵しているそうで、その様子も観察することができた。巣の中であっても、水の中であればアリも気づかないというわけである。

まさに「好蟻性カエル」である。面白いことがあるものだ。

## 死のロード

結局、インのあるタンボパタ自然保護地区での成果はあまり芳しくなかった。森が良すぎるというのが根幹の要因である。ツノゼミも灯火採集では採れたが、それ以外の方法ではサッパリだった。

わざわざ良い森に行ったのに……。かといって、本当に悪いところに行くと何もいないのが熱帯で、熱帯の調査は行ってみるまで何もわからない。

インに二週間ほど滞在した後、こんどはマヌー[*42]という山岳地帯に移動することになった。なぜかステファンも付いてくることになった。

プエルト＝マルドナードの空港から、クスコ[*43]の空港へ飛ぶ。クスコは有名な観光地であるマチュピチュの玄関であり、ここに来てマチュピチュに行かない馬鹿な外国人はいないそうだが、ええ、私たちは馬鹿である。

「マチュピチュ行かないの？」

ペルーに行く話をするたびに、半分くらいの知人たちからそう言われた。そんな生易しい観光旅行に行くわけではない、と言いたいところだが、単純に虫採りのほうが楽しいので、そんな時間があったら虫を探したいというのが本音である。

さて、クスコからマヌーへは乗り合いのワゴンタクシーである。ゴンタが探してきてくれて、一路、目的のホテルである「コック＝オブ＝ザ＝ロック＝イン[*44]（以下、ホテル）」へと向かう。

マヌーへ向かう断崖絶壁の道路

「コック＝オブ＝ザ＝ロック」というのは、アンデスイワドリのことで、ペルーの国鳥ともなっているオレンジ色の美しい鳥だ。

崖沿いの道を下っていくが、これが恐ろしく狭く、怖かった。対向車とすれ違うのも怖いし、場所によっては普通に走るのも狭くて怖い。砂利道で、当然ガードレールもない。ただ断崖絶壁の中腹に申しわけ程度にできた道路が続くだけである。

実際、途中の二ヶ所ほどで、トラックが崖下に滑り落ち、それを引きあげる作業をしているのを目撃した。片方の車輪が間違ったところに落ちると、そこから小規模な崖くずれとなり、車ごと滑り落ちてしまうようだ。

肝を冷やしながら、ホテルへ到着すると、いかにも高原のエコロッジという雰囲気だった。雲霧《うんむ》林《りん》という環境で、湿気が多く、木々は地衣類や着生植物に覆われている。その着生植物の中には、「エアープランツ」として売られているティランジア属[*45]の植物も交じっており、電柱や看板に生えているものもあって、面白かった。

また中庭にはハチドリの給餌器が置いてあり、穴のあいた容器から、ハチドリが甘いジュースを飲めるようになっている。ハチドリは花の蜜を吸うので、その方法で餌付けできるようだ。

何羽かのハチドリが入れ替わり立ち替わりブンブンと来ていた。

木を見上げるとあちこちにフサオマキザルの群れがいた。葉っぱや木の実を食べ、なかまどうしで鳴き交わしながら移動していた。間近で見ると、なんとも変わった顔つきをしていた。

## すごい珍種の数々

ここでは昼間にツノゼミを採集するのが日課となった。昼もなお涼しく、熱帯という雰囲気

着生植物の生えた木々と森

木にくっついたティランジアの一種

変わった顔のフサオマキザル(KT)

3本の角がとても細いハリガネツノゼミ（KT）

シロアリの巣から見つかった珍しいコガネムシ（テルミタクシス＝ホルムグレニ）（KS）

でもないので、好蟻性昆虫は望み薄だと思ったからである。

ツノゼミはいろいろ見つかり、ハリガネツノゼミ[46]のように、嬉しいものもいくつかあった。完全な原生林でないのが良かったようだ。

また、ここでは奇人が大活躍した。ある日、倒木の下のシロアリの巣から変わった甲虫を採[47]ってきてくれた。なんとこれが、テルミタクシス＝ホルムグレニというコガネムシで、一九七〇年に一度だけ採集され、新属新種として発表されて以来、まったく記録のなかったものである。

非常に小型のコガネムシだが、とてもかっこいい。絵でしか見たことがなく、これは本当に嬉しかった。

また、ある日の夕食後、奇人がグンタイアリのなかまの引っ越しを見つけた。サマヨイグンタイアリ[48]で、今回初めて見つけたグンタイアリがちょうど引っ越し中とはとても運がいい。

サマヨイグンタイアリの引っ越しで、アリの幼虫の横にはりつくようにして乗るハネカクシ（エキトデーモン）（KT）

さっそく、近くに座って観察である。老眼は進んでいるものの、グンタイアリの共生者を探すのは、なぜか奇人より私のほうが上手い。たっくんがいない分、ひたすら集中して観察する。するとアリが運ぶアリの繭にアリ型のハネカクシが乗っているのを発見。

「あああああ‼ エキトデーモンだ‼」[*49]

アリごと吸虫管で採集することができた。エキトデーモンは、アリをそのまま小さくしたようで、実に珍奇な形態をしている。

「小松君、次は撮影して！」

奇人も見つけ、無事に見事な写真を撮影してくれた。サマヨイグンタイアリは働きアリの数が多くないので引っ越しはすぐ終わるはずだ。それから数時間、引っ越しが終わるまで、合計十頭くらいを採集することができた。

エキトデーモンも、一九三九年に新属新種として発表されて以来、まだ一度も再発見されていなかった。これも大発見である。奇人えらい！

そうやって、最後に良い収穫があり、無事にこの旅は幕を閉じた。クスコに最終日の夜に到着し、安ホテルに投宿する。夜のクスコは寒く、気温は十数度しかない。ホテルに着いて汗を流そうとするも、温水シャワーが実に簡易なものだった。水温は二十度を切っているようで、まるで冷たいプールのシャワーのようだ。余計に体が冷え、慌てて布団へ飛び込んだ。

今回は、前回の調査とは別の持ち出し許可が必要だったので、ひとまず博物館に標本を預けた。前回のことがあるので気が気でなかったが、数ヶ月後に無事に届いた。

この旅でもいろいろな思い出ができたが、ジャングルで方向がわからなくなったのは、本当に恐ろしい経験だった。思い出すたびに肝が冷える。

第3章

# 虫刺されは本当にこわい

## ――カメルーンその1　2010年1月

## 初めてのアフリカ

今回、初めてのアフリカである。アフリカにはサスライアリ属[*50]というアリの一群が繁栄している。非常に凶暴で、行く前に読んだ論文では、行列の上を通過したヘビがあっという間に骨になったと書いてあった。サスライアリ属は前述した南米のグンタイアリ族のなかまに近く、同じく生態的に重要な位置を占めている。

そのアリには好蟻性のハネカクシが豊富で、一つの巣に何十種ものハネカクシがいるという。研究に重要であることはもちろん、中にはとてもかっこいいものがいて、どうしてもそれを採りたい。そこでアフリカの中でも、とくにサスライアリが豊富な西アフリカ、しかも調査がしやすいというカメルーンに行きたいと思ったわけである。

パリを経由して夜遅い時間にカメルーン第二の都市、ドゥアラ[*51]に到着した。賄賂要求を心配していた入国審査はとくに問題もなく通過した。そしてゲートの付近にあるターンテーブル（荷物がまわってくるベルトコンベアー）に向かうと、予想だにしない光景が広がっていた。ターンテーブル付近がとにかく黒山の人だかりで、明らかに関係のない人がたくさんいるのである。

事前に友人のカナダ在住ロシア人の研究者であるバシリーから、カメルーンの情勢に関する詳しいことを教えてもらい、許可手続きをしてくれる現地の研究者も紹介してもらった。行く前にバシリーから、「空港はとても危ない。荷物に紐を付けて、体に結んでおかないと、いつ盗まれるかわからない。これは冗談ではない」と繰り返し念を押されていた。

ターンテーブルには反射板付きのベストを着た空港職員と、ゲートから勝手に突入してきた「自称関係者」がいるようだ。どちらも怪しい存在で、用もないのに荷物を待っている様子だ。ここで気楽に構えていてはいけないと察した。

海外で安全に過ごすには、不自然でない範囲で、常に周囲をキョロキョロと見回し、警戒心を持つとともに、そのことを周囲に示すことが肝心である。

目を皿のようにして荷物を待った。案の定、私たちの荷物である大型リュックサックがまわってくると、関係のない人がそれを勝手に台車に乗せようとした。おそらく、荷物を勝手に確保し、それを車に運ぶことによって、駄賃をもらう「仕事」であろう。こういうのには慣れっ子である。「これは俺のだ。自分で運ぶからいい」と荷物を取り返し、事なきを得た。

今回お世話になる現地大学講師のジョージもゲートから入ってきた。どうやらこういう「逆行」の交渉は簡単なようだ。いや、こんなに簡単では困るのだけど。しかし、こういう初めての国では、現地の案内役を必ずお願いし、その人と合流できて初めて安心できるので、逆行も今回に限っては嬉しいことである。

今回の同行者は、北海道開拓記念館（現北海道博物館）学芸員の堀繁久さん（以下、クマさん）と、私のいる九州大学で学位を取ったばかりだった細石真吾君（現九州大学熱帯農学研究センター助教：以下、しんちゃん）で、どちらとも付き合いは長く、気心は知れている。とくにしんちゃんは同じ大学の仲間として、一緒に海外に何度も出かけ、結婚して子供が生まれたことさえ教えてくれなかったりするものの、仲良しの友人でもある。ジョージも機転が利くとバシリーから聞いており、これで楽しい旅行が始まりそうだ。

空港を出る前にロビーで小額を現地通貨のセーファーフランに両替する。小さなカバンを持ったお兄さんが近づいてきて、その場でササッと両替してくれた。ジョージによると空港はレートが悪いので、明日、別の両替所に連れて行ってくれるという。

## 驚愕の道路逆走

さて、今回はジョージが付いてくれることになっていたので、遅い到着の便でよしとしたが、通常は治安の悪い都市の場合、空港にはできるだけ夜遅くに着かないほうがいい。ちょっと高い航空券でも、昼間に着くものをおすすめする。夜の空港は物騒なことが多く、バスやタクシーを探している間に強盗に遭う可能性もあるからだ。

今回は荷物受け取り後、午後十時過ぎに空港を出ることになった。

普通の乗用車に無理やり三人分の荷物を詰め込んでいく。通常はスーツケースだが、今回はジャングルを歩くことを予定していたので、大型のリュックサックである。スーツケースなら入らなかっただろう。目指すは車で二時間ほどかかるブエア[*52]という町である。

車窓から眺める町の景色は、初めてのアフリカという感じがしなかった。工業地帯の明るいハロゲン灯があちこちを照らし、遠くに目をやると京浜工業地帯を走っているかのようだった。ただ、街灯は不十分で、道行く人も少なく、いかにも危険な雰囲気である。アスファルトの舗装も悪く、がたがたとひどく揺られながら、不安な気持ちにもなってきた。

少し郊外へ出ると、警察の検問があった。ジョージの身分証、車検証、そして私たちのパスポートも提出させられた。パスポートは命の次に大切なもので、車の中から真っ暗な外に立つ警察官に差し出すのは、あまり気分の良いものではなかった。さらに、なんの不備もないにもかかわらず、それらの書類をなかなか返してくれない。

カメルーンの公用語は二ヶ国語で、英語圏とフランス語圏がある。この場所を含め、今回行く場所は英語圏だが、通常現地の人たちは、ピジン英語といって、英語と現地語が交じった独特の言葉でしゃべるのでなかなか聞き取れない。しかし耳を澄ましてジョージと警官の話を聞くと、どうやら賄賂を要求しているようだ。

ジョージが「お願いだから書類を返してくれ」といくばくかの小銭を払い、ようやく解放された。お金のありそうな外国人が乗っているということも災いしたのだろう。その後、この旅行では、飽き飽きするほど同じようなことが繰り返された。

さらに車を走らせると、崖沿いのトンネルに差し掛かった。カメルーンは右側通行で、右車線がトンネルの一車線の一方通行、反対車線である左側はトンネルの外だった。すると突然、ジョージは反対車線に入り、つまり道路を逆走し始めた。

「ジョージ、どうしたっ!?　正気か!?」

心底驚いたが、聞けば、このトンネルの中で拳銃強盗が多発しており、この時間は被害に遭う可能性が高いとのことだった。なんだかますます不安になってくる。そんな道路だったら、トンネルじゃなくても強盗に遭う可能性がないわけではない。いやきっとあるだろう。

## 毛布が臭い

そうやってドキドキしているうちにブエアの町に到着した。ジョージが予約してくれていた町外れのホテルに一人一部屋をあてがわれ、各自旅の疲れを取ることにした。

ホテルは高い塀に囲まれ、「いいか、夜は危ないから、絶対に外に出るな」とジョージに念を押された。ホテルの名は「ミス＝ブライト[*53]」といい、なんだかさわやかでかっこいい。ブエアは標高のある町で、深夜ともなると少し肌寒いほどである。

よくあることだが、シャワーがぬるくて体が冷える。そのうえ毛布がとても臭くて、その晩はなかなか寝付けなかった。ずっと風呂に入っていない体臭が詰まったような臭いだ。

海外に出かけると、枕が臭い、蒲団が臭いというのはよくあることだが、枕が臭いととくに気分が悪い。かといって採集道具で満杯の荷物に自分専用の枕を入れていく余裕はない。そこで私はいつも小さめの毛布を持っていき、枕が臭ければそれをかぶせ、毛布が臭ければ、それをかぶるようにしている。空港で夜を明かすような事態になったときや、長い待ち時間に空港のベンチで仮眠するときにも役に立つ。

## 不気味な闇両替

ジョージの車で大学に行き、教授たちにお土産の和菓子を渡し、挨拶をする。日本の旧帝大の昔の校舎を思い出させる造りで、教授室は広々としていた。教授も実に威厳に満ちていた。こういう国の大学教授は、日本の「末は博士か大臣か」の時代と同じで、かなりの「えらい人たち」に違いない。

ブエアの町はカメルーン山[*54]という名峰の麓《ふもと》にあり、高原の町という感じである。相変わらずアフリカという雰囲気ではないが、カメルーン山は富士山のようで風景が良く、空気が冷たくて気持ちいい。

それから買い出しである。カメルーンには大きなスーパーマーケットというものがほとんどないそうだ。ブエアは比較的大きな町だが、雑貨店が点在しているのみである。大学の前にある幅三メートル、奥行き五メートルくらいのとても狭い商店で、当面の米、パスタ、缶詰、水、そして大量のトマトソースを購入した。あとで出てくるが、このトマトソースというのが実は食生活の肝である。全体に輸入品が多く、物価はかなり高い。労働者の賃金は安いはずなのに、こちらの人にとって物を買うのは大変なことだろう。意外なことに、この地域では米が主食とのことである。

また、空港で少し替えたきりで、現地通貨が足りないので、両替をすることにした。ジョージがレートの良いお店に連れて行ってくれるという。

そして着いたのはどう見ても床屋である。実際、いくつかの椅子と鏡があって、理容師らしき風体の人が髪を切っている。しかし、店内は薄暗く、妙に混んでいて、さっきの店と同じくらいの狭い店内に十五人くらいの人がひしめいており、異様な雰囲気である。その人たちが物珍しそうな顔で一斉に私に目を向けた。

ジョージが店主と何か声を交わした後、私だけ電話ボックスのような暗くて狭い部屋に通され、そこで初めて両替作業が始まった。そのときに察したことだが、これはもしや闇両替ではないだろうか。私の立場で、海外調査で違法なことにはかかわるべきではないのだが、この雰囲気で断ることはできない。いまだに闇両替だったのか、逆にこの町に正式な両替があるのか、よくわからないのだが、とにかく不気味で不安な気持ちにさせられた。

## 町は撮影厳禁

大学が用意してくれたランドクルーザーに荷物を詰め込み、いざ今日の宿泊地であるムボンジュ[*55]へ向かう。その前に昨晩の車代やこの車代を支払う。運転手付きで日本のレンタカーの三倍程度か。結構高い。しかし安全が何よりである。ランクルは心強い。

途中、クンバ[*56]という町の市場でストウブ（ル・クルーゼのような重い鋳物の鍋）や野菜を購入する。

外国へ行って何より楽しいのは、少なくとも私にとっては、観光地ではなくて、市場である。そこでどんなものが食料となっているのか、何が主に食べられているのか、どんな人が働いているのか、いろんなことがわかるからだ。

市場は木造の屋台が並んだ造りで、複雑に入り組んだ路地がある様子は、東南アジアなどでもよく見られる光景だ。しかし、食料の種類は非常に少なかった。どこでも同じようなものを売っている。果物はバナナ、パパイヤ、パイナップル程度。肉類も変わったものはない。野菜も変わったものはなく、種類も少ない。あとはヤムイモという日本のトロロイモの親戚のよう

市場でパイナップルを買う

な根菜が珍重されている様子だった。

本当はそういう風景を写真に収めたかったのだが、こちらの人はとにかく写真を嫌う。市場でカメラを向けると怒って物を投げつけてくる人もいる。また車窓から風景を撮るつもりでも、自分が写るとわかると、追いかけてきて、棍棒《こんぼう》で車のガラスを叩かれたこともあった。こちらはただの記録のつもりだったが、習慣を知らなかったこちらの不徳である。そういうわけで、町の風景の撮影はほとんどあきらめるほかなかった。

ガタガタした未舗装道路をひたすら走り、夕方遅くにムボンジュの町へ到着した。野菜をトマトソースで煮付けたものとご飯の食事である。

それほど危険な町ではないとのことで、夜は街灯に集まっている虫を探して、少し歩きまわってみた。しかし、今は乾季である。熱帯で乾季というのは、昆虫採集にあまりよくないが、今回は予算や他の予定など、諸事情によりこの季節となった。もともと虫が少ないだろうとは思ってはいたが、想像以上に少なく、少し心配になった。

## 木の蔓から水が！

翌朝、事前に許可を得ていた森林保護区の事務所へ行き、いくつかの手続きを経て、森へ向かうことになった。

ここでは事務所の人がえらく親切にいろいろな手配を進めてくれた。いちばん大事なのはガイドとポーターの手配である。ガイドはジョンという五十代後半くらいに見えるおじさんで、いかにも手練という雰囲気である。あと、ポーターを兼ねてコックも一人雇うことになった。クロードという二十五歳くらいの青年である。そして、さらに五人くらいのポーターの若者を雇って、森の中のキャンプ場を目指した。

その前にもう少し食料を買い足す。生きたニワトリや追加の野菜である。ニワトリと荷物と全員で無理やりランクルに乗り込み、そこから車で十分ほどの森の入り口へ向かう。車中、若いポーターが「そのカメラをくれ」などと無茶な注文をしつこく言ってくるので、「やるわけないだろ」と真顔で応じる。

こういう場面で日本人的な愛想笑いをしてはならない。相手に無用な期待と隙を与えるだけである。もちろん、どんな旅行でも

車にそのまま乗せられた気の毒なニワトリ

切った木の蔓から出る水を飲むしんちゃん（HSS）

無愛想にしているわけではない。常に笑顔でいるべきときもあるし、このように相手から一歩距離を置いて突き放す必要もある。そのあたりのさじ加減と判断は、経験で培うほかない。

森の入り口からキャンプ場までは二十キロメートルほどで、ただひたすら歩く。大事なカメラは自分で持っているが、その重さだけで十五キログラムほどあり、肩に食い込む。森が平坦なのが救いだ。薄暗い、巨木の森が延々と続く。

途中、ジョンがいきなり蛮刀でスパッと木の蔓《つる》を切った。すると、ドボドボと水がしたたり落ちてくるではないか。疲れ切ってはいたが、思わず「おおお!!」と歓声をあげた。昔、『水曜スペシャル』という探検を中心としたドキュメント番組があり、そこでジャングルでの生き残り方法として紹介されていたのが、この木の蔓を切って水を得ることだった。テレビを見て、いつかこれを飲みたいと思っていた。

そして飲んでみる。うん。ただの水の味だった。見事なまでにただの水の味である。ちょっと甘かったりすることを期待していたので、少し残念だった。しかし考えてみたら、青臭くもない水らしい水が、木の蔓からドボドボと出るというのは、それだけですごいことだ。どちらにしても、子供のころからテレビで憧れていた体験をできて、とても感動した。これだけで来て良かったと思えた出来事だった。ジョンよ、ありがとう！

なお、どうして水がドボドボと出るのかはよくわからない。日本の木だと、キウイフルーツに近縁なサルナシ（コクワ）の木の蔓を切ると、少しは水が出るそうで、「水筒木」とも呼ばれているそうだ。

## 美しき健脚

午後三時ごろ、目的のキャンプ地に到着した。森の中が突然開け、一部がコンクリート敷きになっている。かまどがあり、薪も積んである。周囲は高い木に囲まれ、とても清々しい。

さっそく日本から持ってきたテントを立てて一服といきたいところだが、荷物の大部分はポーターが持っている。彼らは大荷物なので、私たちより遅れて到着するはずだ。仕方ないので、コックのクロードが持ってきた食料で、明るいうちに夕飯をいただく。お米を炊いて、野菜と缶詰をトマトで煮込んだおかずである。なかなか美味しい。

夕食後、いくら待ってもポーターたちが来ない。私たちより遅れてくるといっても、すでに四時間ほど経っている。もしや荷物を盗られたかなどと悪い想像もしてしまう。しかしガイドとポーターは昔からの知り合いだろうし、それはないと打ち消す。

そして暗くなりかけた午後八時近くになって、ようやく彼らが到着した。なんと、別のキャンプ地に行ってしまったという。地図上の単純計算で、彼らは五十キロメートル以上歩いて来たことになる。いかにも疲れた様子だが、大荷物を抱え、よくそこまで歩けるものだと感嘆した。

クロードが彼らのために多めに米を炊いていたので、さっそく彼らの夕飯となった。私たちは彼らが五十キロメートル歩いたと知り、驚きでねぎらいの言葉も見つからず、ただ彼らの様子を眺めるほかなかった。少しでも疑ってしまったことを申しわけなく感じた。

彼ら五人は、大きな切り株に乗せた鍋を囲み、片足を切り株に投げ出し、めいめいで鍋から直接スプーンでご飯をすくって食べていた。切り株に乗せた長くて美しい脚。そしてみんな同じ姿で規則的にスプーンでご飯をすくって口に運ぶ。なんという光景だろう。夕映えの森の雰囲気もあり、その情景には言葉を失った。

## 小悪魔の洗礼

翌日が実質的に調査初日となった。まずは朝食である。街で買った食パンとコーヒーという簡素なものだ。湿気った食パンにチョコレートやバターを塗り、コーヒーで流し込む。荷物の関係で今回はマグカップを持ってこられず、街でプラスチックのカップを買ったのだが、これが熱に弱く、コーヒーを注いだら半分くらいの大きさに変形してしまった。

それから朝のトイレとなるが、一応トイレはあるものの、便座もなく、ただ地面に木の枠のようなものがあるだけで、座る場所がない。相当に脚の長い人が中腰でするようだ。これはちょっと無理だと思い、外ですることにする。

森の中でズボンと下着を脱ぎ、ようやく落ち着いたとき、くるぶしのあたりに激痛が走った。ハチかと思って手ではらっても、その虫は動かない。ハッとして見ると、キョロリとかわいい目をしたハエが靴下の上から口を刺しているではないか。

「うわぁぁぁ！！！　ツェツェバエ[*57]だ!!」

決して喜んでいるわけではない。ツェツェバエは「アフリカ睡眠病」という恐ろしい病気を媒介するハエで、「ああ、なんということになってしまったんだ」と刺されたあとにかなり動揺してしまった。アフリカ睡眠病に感染し、十分な治療をしないと、やがて錯乱状態となり、昏睡状態に陥って死亡する。この病気の存在により、ヨーロッパ人がサハラ砂漠以南のアフリカへ進出できなかったとさえ言われている。現在でも治療自体が難しく、毒のような副作用の強い薬を感染初期に飲まなければ、容易に治癒しないという。

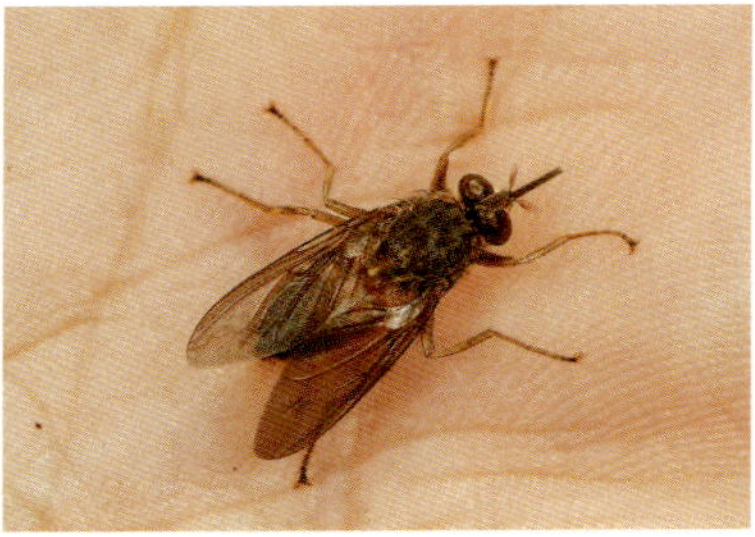

筆者を刺したツェツェバエの一種（HS）

しかし、まだまだ旅行は長い。万が一感染していたとしても、事前に発症を予防できるような薬は存在しないし、少なくとも今は何もできない。ひとまず忘れて、町に戻ってから考えようと自分の心を無理に落ち着かせた。

それにしてもツェツェバエはかわいい。こんなかわいい顔をしてひどいことをするなんて、まるで小悪魔だなと思った。もちろん、病気を媒介することは別にツェツェバエの利益でもなく、本意でもない。ただアフリカ睡眠病を引き起こす原虫がツェツェバエを乗り物として利用しているだけである。

人類の発祥の地はアフリカである。そのこともあって、歴史的（何十万年という単位）に人類はアフリカにいた時間がとても長く、人類を刺す昆虫と、それらが媒介し、人類に病気を引き起こす菌や原虫、寄生虫が数多く進化している。差別的な言い方ではなく、「アフリカはあらゆる病気の宝庫」という学術的な見解もあるほどである。あとでも紹介するが、アフリカではいろいろな昆虫が人を刺し、それらがみんな何らかの病気を媒介すると言ってよい。

## コック兼ドロボウさん

気を取り直して、調査の本格開始である。まずは衝突板という罠をあちこちに仕掛ける。森の中に透明のビニールシートの壁を作り、それに屋根を付け、さらに下に受け皿を置く。受け皿には酢酸などの保存液を入れる。そして、飛んでいて、誤ってビニールシートにぶつかった虫が、下の受け皿に溜まる仕組みである。

森に仕掛けた衝突板罠

私はこれを世界中で仕掛けて、たくさんの新種を発見してきた。肉眼ではわからないが、実は森の中には小さな昆虫がたくさん飛んでいて、しかもそういう虫はなかなか普通には採集できないので、衝突板罠を使うと珍しいものがたくさん採れる。とても大事な採集法なのである。

また、ガイドのジョンを伴って、森の中を歩きまわることにした。今回の主目的は、最初に話したサスライアリの好蟻性ハネカクシである。まずはサスライアリを探すのだが、サスライアリは決まった巣を持たずに移動するので、ひたすら歩きまわって探すほかない。毎日十〜十五キロメートルくらい、下を向いてサスライアリを探す。道をサスライアリが横切っていないか、近くの倒木や枝に行列はないか。目を皿のようにして、サスライアリを探す毎日がずっと続いた。薄暗い森の中で、いつまでも見つからないアリを探すのは、目も心も本当に疲れる。

クマさんもしんちゃんも森の中を歩きまわり、それぞれに目的の虫を探していた。クマさんは採集の名人で、思わぬところから思わぬ虫を見つけてくるので、とても心強く、見ていて参考になる。しんちゃんはどこへ出かけても自由気ままで、まったく焦りというものがなく、落ち着いて自分だけの採集に集中している。それでいて互いに適度に気遣いができるので、一緒に出かけていちばん気楽な人でもある。

あるとき、夕方になって森から帰り、休憩でもしようかと思って自分のテントをあけると、自分の体臭とは異なる匂いがする。そして、不自然に荷物の位置が変わっている。さらに、予備に置いておいた現金の一部や電池などの金目のものが減っているではないか。別の日に他の二人のテントでも似たようなことが起きていた。

怪しいのはクロードである。その日、森から戻ると、必要以上に親切で、見つけた虫を渡してきたりした。その他さまざまな状況証拠からして間違いない。

しかし、しかしである。仮にここで彼を注意したところで、彼が認めるはずもない。口論になったらどうなるだろうか。もしやジョンも知っているかもしれない。ここはジャングルとはいえ、実質的に密室である。あくまで彼らは本職のガイドであり、彼らが仕事を失うような行為をここで私たちがしたら、私たちの身に危険が降りかかる可能性がとても高いように思われた。そこで決めたのは、何も言わないことである。そして私たちが気づいているということを知らせるため、テントの入り口を紐で縛っておくことであった。

それ以降、とくに何も盗られることもなく、平和な日々が過ぎていった。私だけが追加で二回もツェツェバエに刺されたことを除いて。

キャンプ地を飛び交っていたルリアゲハ

## サスライアリで阿鼻叫喚

乾季ということもあって、やはり心配していたとおりに虫が少ない。ただ、衝突板の罠に緑色の美しいエンマコガネ[*58]（糞虫）が落ちていたり、キャンプ場をルリアゲハ[*59]という大きくてきれいなアゲハチョウが飛び交い、アジアでは見られない虫には感動した。

目的のサスライアリは、ようやく四日目に見つけることができた。森の中の歩道を太い行列が横切っており、それが狩りを展開していた。

恐ろしいサスライアリの群れ

サスライアリは絨毯《じゅうたん》攻撃といって、扇状に行列が広がり、その中に入ったバッタやゴキブリなどを主に獲物とする。今回の扇状の行列はとても広く、数メートル四方にも広がっていた。そして地面だけでなく、木の上のほうまで立体的に群れが広がるのである。

アフリカの昆虫や小動物はサスライアリの恐ろしさを本能的によく知っている。だから、サスライアリの群れが近づくだけで、一目散に逃げていく。しかし、絨毯の中で逃げ遅れた生きものは、たとえ大きなものでも、たくさんのサスライアリに取り付かれ、あっという間に八つ裂きにされてしまうのだ。

一度、木の上に登る絨毯攻撃を観察したが、木の上から、虫だけでなく、カエルやトカゲなど、いろんな生きものが降ってきた。彼らにとってサスライアリは本当に恐ろしい悪魔なのである。まさに阿鼻叫喚《あびきょうかん》の地獄絵図だった。

目的の好蟻性ハネカクシはどうだったかというと、残念なことに、テュプロポネミュス[*60]など行列を歩く数種を得たのみだった。それほど面白いものではなく、すでに外国の研究者との交換で標本を持っているものだった。しかしそれでも、自分の手で採集できたのは嬉しかった。自分で観察して採る経験をするのと、人からもらうのとでは、標本の持つ情報の価値がまったく違う。

サスライアリは次の調査地に期待である。好蟻性昆虫の調査は基本的に難しく、調査旅行は失敗が当たり前なので、それほど落胆はしない。

見つかったハネカクシ（テュプロポネミュス）（KT）

## もうトマトは見たくない

キャンプ場は川の近くにあり、川の一部が水場となっていて、そこが飲料水の汲み場（もちろん沸かす）と風呂場となった。川の淀みだが、水は薄茶色で、美しい水草がたくさん生えている。少量の石鹸で体を洗うと白い垢が水にうかぶ。そうするとたくさんの魚がその垢を食べにくる。その数たるや数百匹で、洗面器で体を流そうとすると、魚ごとすくってしまい、魚ごと水を浴びることになった。

あとでその魚をじっくり見てみたが、とても美しいプロカトプ

風呂場兼水汲み場

垢に集まってくるカダヤシ科の魚（プロカトプス）

ス[*61]というカダヤシ科の魚だった。美しい魚ごと水を浴びる。見方を変えれば、なんとも贅沢ではないか。

　食事は相変わらずトマト味だった。あとで知ったことだが、この地域の食事にはトマト味のものが非常に多い。とにかくなんでもトマトソースで煮るのである。最初にトマトソースを大量に買い込んだ理由がよくわかった。スパゲッティ、ヤムイモ、米、加熱用バナナ。すべてをトマトソースと塩だけで味付けするのである。最初は美味しいと感じたが、最後のほうには飽きてしまった。もし疲労と空腹という調味料がなければ、きっと食事を放棄していたことだろう。

　ただ、一日だけ、ニワトリをばらして食事を出してくれた。もともとそのへんを走っていたニワトリであり、これは世界中の田舎に共通することだが、歩く鶏ガラスープと言ってよいほど味があり、美味しい。結局、これがこの旅行でいちばんの記憶に残る味だった。

また、朝になると、決まってハチの羽音で起こされた。どういうわけか、朝だけ、何千何万というミツバチを中心としたハチがキャンプ場の周辺に集まり、テントや洗濯物、私たちが着ている服を舐めに来るのである。羽音のものすごさ、その間の生活の不便さには閉口した。結局理由はわからなかったが、朝だけ彼らがキャンプ場に集まりたくなる何かがあるのだろう。

　このキャンプ場付近にはアフリカゾウが出没するらしく、たまに大きな糞を見かけた。アフリカゾウは気が荒く、アフリカで出会ってはいけない動物の一つである。もし出会ってしまった場合の対処方法として、木の根の隙間に入り込むという方法をジョンから教えてもらった。「気根《きこん》」といって、木の幹の途中から根が伸び、まるで檻のような形になっていることがある。とても丈夫なので、そこに逃げ込めば安心というわけである。今後の人生に役に立つかどうかわからない知識を得ることができた。

バナナのトマトソース煮込み（HS）

毎朝のハチの襲撃（ハリナシバチの一種）

## 土埃との無言の戦い

結局、この森には十日間ほど滞在した。調査のうえでの成果は今一つだったが、いろいろと貴重な体験をすることができた。ジョンは親切だったし、クロードも決して悪い奴ではない。隙を見せたこちらも悪かったのだろう。

次の調査地へ移動するため、いったん、ブエアの町に戻ることになった。最終日の朝、キャンプ場に再びポーターたちがやってきた。またひたすら歩き、森の外へ出ると、そこには懐かしのランクルがとまっていた。

それからムボンジュの町でジョージと再会し、ジョンやクロード、ポーターの面々とお別れし、ブエアへと向かった。

晴れていて暑い。乾いて赤茶けた景色が続く。土埃がひどく舞い上がり、窓を開けた車の中が、あっという間に土だらけである。しかしクーラーの調子が悪く、窓を開けないと熱射病になりそうだ。土埃との無言の戦いが続いた。

そしてブエアに到着。とくにやることもないし、危険な町ではないということで、私たち日本人だけで大学構内で昆虫採集である。さきほどの森とはまた違った虫がたくさんいて面白い。近くのカフェで休憩すると、他の二人は疲れですぐに眠ってしまった。私まで眠ると荷物が危ないことは目に見えているので、なんとか起きてやりすごす。

再び名ばかりのブライトなホテルに泊まり、翌朝、リンベという海岸べりの町へと出発する。途中、ジョージおすすめの海辺のレストランへ行き、魚を食べる。ただの大きなイシモチの塩焼きだが、トマトソースでない味、しかも久しぶりの魚ということで、とても美味しかった。

ジョージは汗っかきで、いつもおでこについた汗の水滴をワイパーのように指で払い飛ばすという仕草をしていた。そして、われわれの成果について、さかんに心配してくれていた。こちらは季節的に難しいことを予感しており、ダメなときには仕方ないと思っているが、あまり成果がないことを残念に思ってくれたようだ。

それからリンベの町にある森林保護区の事務所を訪れ、ここでも結構な額のガイド料や入山料を支払った。

## 豪快すぎる焚き火の効用

こんどのガイドはサムという五十歳くらいの筋肉ムキムキのおじさんである。それから、ジョージの後輩にあたる大学院生のパトリックが補助に付いてきてくれた。ジョージは中学校の先生が本業なので、あくまで今回は調整役[*62]に徹してくれている。

そこから車で一時間くらいで、ビンビアという目的の森である。ワゴンのタクシーを借りたが、その運転手は来たことがない道だそうで、あまりの道の悪さに、「聞いていない」と怒っている。そして着くやいなや、帰りは迎えに来ないと宣言されてしまった。少々のチップを渡すが、帰りのお迎えは無理だそうだ。まあ、町からそんなには遠くないし、なんとかなるだろう。

車道から森の中へとしばらく下りると、開けた場所があり、そこがキャンプ地となった。鬱蒼としていて、なかなか良い森である。

すでに疲れていることもあり、その日は衝突板を仕掛けるだけで終わりとした。

夕方からサムが焚き火を始めたのだが、その規模たるやちょっとしたキャンプファイヤーである。彼いわく、ここにはマラリアがあるので、蚊を寄せ付けないためにやっているそうだ。彼はとにかく元気で、よくしゃべる。その内容はほとんどが奥さんと仲良くするシモネタ話で、「この歳ですごいなぁ」と単純に感心してしまった。

それにしても焚き火の規模がでかい。ミシミシと燃える音だけで相当なものだ。周辺にある枯れ木はすぐに燃やし尽くしてしまい、遠くから巨大な枯れ木を引きずってきた。

夕飯はパトリックが作ってくれるが、クロードほどは慣れていなかったので、手伝ったりもした。また、前のキャンプで使った残りの調味料などを持ってきているつもりだったが、実は大部分はクロードが持ち帰ってしまっていて、全体的に味気のない食事となってしまった。まさか食料まで持っていかれていたとは、ここに来る前にちゃんと確認すべきだったと後悔した。

食事は本当に大事である。

ただ、一度だけ良いこともあった。キャンプ地の近くに川があり、夜に覗くと大きなカニがたくさんいた。それを捕まえてトマトソースで煮込み、スパゲッティを作ったのである。これは美味しかった。しかし、煮込む前にパトリックとサムがカニ味噌をすべて洗い流してしまっていて、そのままならもっと美味しかっただろうにと残念に思うとともに、文化の違いを実感した。

ビンビアのキャンプ地（HS）

焚き火をするサム（HS）

サムの焚き火は毎日朝まで続いた。夜に目覚めたときに焚き火があると、なんとなく安心することができ、実際に蚊に刺されることもなかった。

## 虫が関係する病気

朝はサムの声に起こされる。ほとんど寝ていないはずなのに、彼は一日中ものすごく元気だ。

そしてサムの案内で森の中を歩く。

かなり良い森だが、目的のサスライアリはなかなか見つからない。

ここでもツェツェバエには細心の注意を払った。しかしあるとき、肘のあたりに痛みが走り、「またやられたか！」と思ったら、大きなアブ（キンメアブの一種）が血を吸っていた。その後も、必ず人間の死角となる肘を狙ってくる。日本のアブはあたりかまわず刺すが、こちらのアブはどこを狙えば気づれかずに刺せるのかをよく知っているようだ。

「なんだアブか。良かった」と思っていたのだが、帰国後に調べると、こちらではアブが「ロア糸状虫症」という寄生虫症を媒介することを知った。フィラリアという糸状の小さな虫が皮膚の下を這いまわり、やがて目に移動することもあるという。

また、この周辺にはブユ（小さなハエで人の血を吸う）が媒介する「河川盲目症（オンコセルカ症）」という病気が少しあるそうだ。これは事前によく調べておいたので、かなり気をつけたが、それでも何度か刺されてしまった。これも同じく小さな糸状の虫が体に入り込み、しばしば眼球の中に入って、失明を引き起こす。感染すると、刺された箇所にひどいかゆみを起こすのですぐにわかるそうだが、幸いにしてそのような症状はなかった。

あとでジョージに聞いたところによると、アフリカ睡眠病を含め、どれも「忘れられた病気」とされており、カメルーンではかなり少ない病気となっていて、よほど何度も刺されない限り、感染することはないということだった。

だが、マラリアはきわめて普通だという。マラリアはハマダラカという蚊が媒介する熱病で、かつては日本にもあったし、現在でも世界各地の熱帯域ではそれほど珍しくない。しかし、マラリアにはいくつかの種類があり、アフリカには悪性の「熱帯熱マラリア」が多く、すぐに適切な処置を施さないと、死亡する率がとても高い。今回は予防薬を毎日飲んだ。

これに関してパトリックから恐ろしい話を聞いた。生物を学んだ人なら、「鎌状赤血球症」というのを聞いたことがあるかもしれない。人間の血液内で酸素を運ぶ赤血球が、普通の人は

ロア糸状虫を媒介するキンメアブの一種の顔（参考）（KT）

オンコセルカを媒介するブユの一種（参考）（KT）

マラリアを媒介するハマダラカの一種（参考）（KT）

円盤状であるが、鎌状赤血球症の人の赤血球は、一部ないしすべてが鎌状の形である。

マラリアの原因となる原虫は赤血球で増殖するが、鎌状赤血球では増殖できないか、破壊される。実際にはもっと複雑な仕組みがあるのだが、つまり鎌状赤血球症の人はマラリアに耐性を持ち、そのため、鎌状赤血球症はマラリアの多い地域に多く残っている。

しかしマラリアの治療ができる現在、これは良いことではなく、遺伝的に常時発症している(大部分の赤血球が鎌形の)人は、ひどい貧血などの症状で、基本的に成人前に死んでしまうという。パトリックの家系は遺伝的に鎌状赤血球症で、兄弟の半分はすでに死んでしまったそうだ。パトリックにも現在恋人がいるが、お互いの遺伝子検査などで、どうすべきか悩んでいるという。

こういう話が現実に起こっていることはわかっていても、当事者から聞くのは衝撃的だった。これも虫が関係する災いと言えるだろう。

## ツノゼミ祭り

良い森なのだが、季節柄どうにも虫が少ない。森が良すぎるというのもあるのだろう。サスライアリも見つからない。そんな状況で、クマさんは森から出て、道沿いで採集してみるという。ひとまず私はサスライアリが優先だし、様子を見ることにした。

夕方、帰ってきたクマさんの収穫物を見ると、ツノゼミがたくさん入っているではないか。この数年前からツノゼミが気になり始めた私には魅力的なものである。

翌日、クマさんをまねて、道沿いを歩き、網でバサバサと草をすくってみると、たくさんのツノゼミが採れた。コクチョウツノゼミ[*63]やヒトダマツノゼミ[*64]など、初めて見る属ばかりで嬉しい。その後、二〇一一年に『ツノゼミ ありえない虫』を出すことになったとき、アフリカのツノゼミは入手困難なので、このときの採集物を存分に活用することができた。

コクチョウツノゼミ

ヒトダマツノゼミ

それから毎日、森の中を歩いてサスライアリを探し、ときに道路に出てツノゼミを探すという生活を続けた。

あるとき、サムが「タバコを買いに行く」と出かけた。近くに集落もないし、夕方である。しかしそれでも森の外へと出ていった。

数時間後、遠くから小さな

荷物満載でバイクタクシーに乗る筆者（HS）

光が見えてきた。どうやらサムである。たしかにタバコを買って戻ってきたのだが、手元にあるのは、使い捨てライターに付属している明かりだけである。ほとんど小さなロウソクくらいの明るさしかない。それで何時間も道路を歩き、森の中を歩いて帰ってきたのだ。大げさなヘッドライトを持つ自分が恥ずかしくなった。

ここで一週間を過ごし、森を出る。タバコを買いに行ったときにサムが話をつけてくれたようで、バイクタクシーが人数分待っていてくれた。サムは「酒を作る」と言って、私たちが使った水のペットボトルを背中いっぱいに結わえ付けて、奥さんとの夜の生活に使うという精力剤用の野草を携えて、自分の村へと帰っていった。あげるとも言っていない私たちのロープなどを勝手に持って行ってしまったが、なかなか面白いおじさんだった。

私たちはほとんど無理やりバイクに大荷物を乗せ、そこにさらに乗るかたちで、颯爽とリンベの町へと向かった。

リンベの町ではジョージが出迎えてくれ、食事やお金についての話をしたあと、とりあえず近くのリゾートホテルに泊まることになった。ここで私の出した札が偽札だと突き返されたが、どう見ても本物に見え、いまだに真偽のほどは定かではない。

ジャングルから出てきたばかりの私たちに似つかわしくない高級ホテルで、海岸近くに湧水があり、そこで金持ちそうな人々が水を浴びている。

私はジョージとの交渉ごとや将来的な共同研究の相談で疲れてしまい、ホテルのベッドでゴロゴロとしていたが、クマさんは近くを歩きまわり、見事にツノゼミを発見して、私をわざわざ呼びに来てくれた。とてもかっこいいツノゼミで、いかにもアフリカっぽい雰囲気である。

「わー!!　これはかっこいいですね!!」

そうやって騒いでいる私の気持ちを察して、まだ枝に付いていたそのツノゼミを一匹譲ってくれたのだった。

このツノゼミにはフタバツノゼミ*65という和名を付け、前述の書籍においてアフリカ産種の代表となった。なお、「アフリカっぽい」と述べたが、このツノゼミは土色に白い筋が入っていて、いかにも「アフリカの乾いた土と光」という色なのである。実際、そういう色調の虫はアフリカ全体に多く、虫好きの目線では、まさに「アフリカっぽい」のである。

翌朝、リンベを発ち、そのまま空港へ向かう。空港に着いたのは夕方だが、まだ時間はある

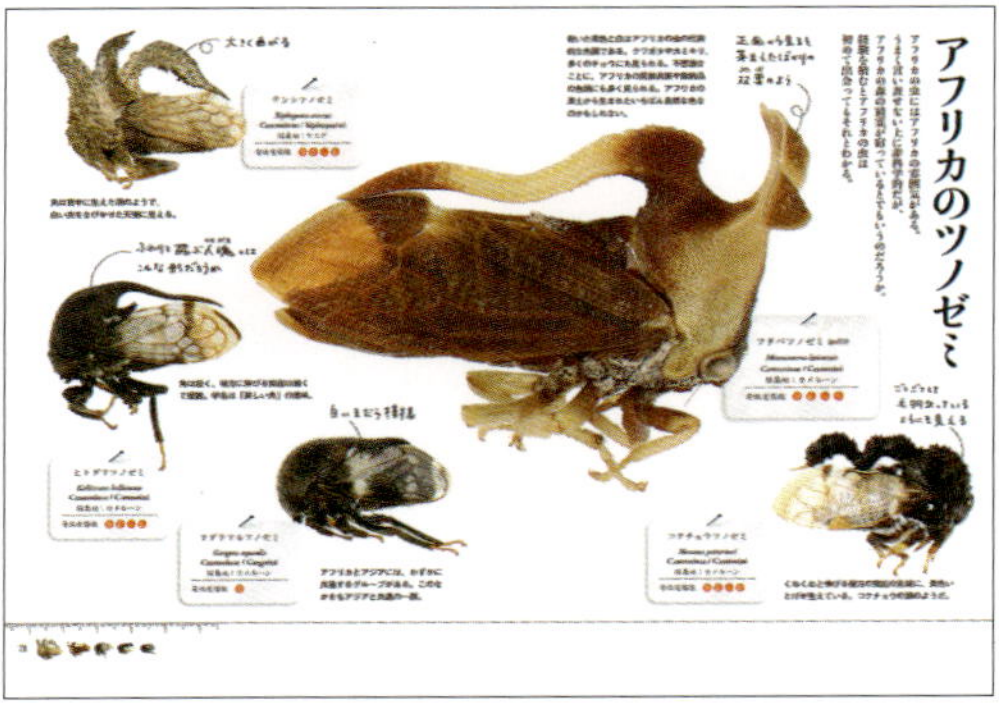

『ツノゼミ　ありえない虫』より。中央がホテルの庭で採集したフタバツノゼミ

ので、空港のまわりにあるレストラン街で食事をすることにした。レストラン街というか、バラックの屋台街といったほうがいいだろう。

リンベの食堂で食べた魚の塩焼きが美味しかったので、屋台で売っている同じものを注文し、それとご飯を食べた。美味しいが、どうも身がやわらかく、妙な臭いもある。しかし昼前から食事をとっていないうえ、疲れでお腹は空いている。火が通っているし大丈夫だろうと、私たち三人は完食した。

さて、チェックインの時間だし、そろそろ空港へ行こうかというとき、グルグルとお腹が痛み出した。三人とも同じ様子である。そしてクマさんとしんちゃんは一目散に草むらの中に駆け込んだ。私はまだなんとか我慢できそうだったが、空港までは持ちそうにない。かといって空港の目の前の草むらでするのははばかられる。そこでお店の人にトイレはあるかと聞くと、懐中電灯を渡され、真っ暗な路地を案内され、ここがトイレだと指をさされた。

私も我慢の限界に近づいていたので、お礼を言って、そのトイレのドアを開けた。その瞬間、思いもかけない光景を目にした。

名前を聞くのも怖いという人がいるのでやめておくが、コワモンG[*66]という大きなGが、壁一面にいるのである。G同士の間隔はほとんどない。そして、私の存在に驚いたGのみなさまは、一斉に便器（足元に穴があるだけ）や天井（屋根はない）に向かって逃げていくのである。そしてG同士がぶつかり合って、ぼろぼろと壁から落ちる。「ガサガサガサ」とすごい音もする。

私はGは怖くないので、あまりの光景に感動しつつ、便意に耐えかねて、トイレに入り込み、ズボンを脱ぐ。ドアを閉めようとして懐中電灯で照らすと、ドアも一面Gで、取っ手がつかめない。なんとかドアを閉め、ようやくコトを済ませた。

弱い食中毒だったようで、三人とも胃腸を空にしてスッキリした。

（Gが苦手なみなさま、申しわけありませんでした）

## 帰国後の不安

ジョージに見送られ、荷物の検査も通過し、無事に搭乗。日付を二日間またいで日本に帰国した。

あまり虫は採れなかったし、いろいろと大変な旅行だったが、良い経験をした。

しかし、帰ってからツェツェバエとアフリカ睡眠病について調べると、ろくなことが書かれていない。英語で検索すると、私が刺された場所で感染した事例まで見つかった。私は三回も刺されている。ツェツェバエがその原虫を持っている確率は低いらしいが、どうにも不安でたまらない。

潜伏期間は約三週間なので、それが終わるまでは本当に不安な毎日が続いた。

それにしても、サスライアリがあまり見つからなかったのはなんとも心残りだ。いくら病気が怖くても、自分で採らない限り、逆に死んでも死にきれない。いつかまた挑戦すると心に決めた。

# 第4章

# ハネカクシを探せ

——カメルーンその2　2015年5月

## こんどこそサスライアリからハネカクシを

それから数年が経ち、なんとかまたカメルーンへ行きたいが、治安の悪さや風土病で再び嫌な思いをすることへの逡巡と、同行者が集まらないことで、なかなか再訪の目処が立たなかった。

しかしあるとき、写真家の海野和男さんが、カメルーンへ撮影旅行に行き、その際、あちこちでサスライアリを見たと教えてくださった。前回私たちが行ったのとは違う場所で、海野さんの撮影されたサスライアリの写真を見て、いてもたってもいられなくなった。

そこで、こんどは奇人と、私と同じ大学の理学部でコガネムシを研究している学生の柿添翔太郎君（以下、チャボ）と相談し、その年の五月に調査を決行することとなった。

この年からツノゼミの研究を本格的に開始したので、主目的はツノゼミである。また、こんどこそサスライアリから存分にハネカクシを採集したい。調査時間を上手く配分して、「二兎を追う者は」とならぬよう、両方の成果を得たい考えだ。

## 空港は激変

一回目の旅行から五年近くが経ったが、たったの五年で混沌としていた空港の雰囲気は一新されていた。

まず、空港の造りが変わり、ゲートからの人の逆流がない。そして空港全体に、関係のない人がいないのである。どうやら空港への入場規制が厳しくなったようだ。奇人やチャボに刺激的な光景を見せてやろうと思っていたのに、少し残念だった。

今回もジョージの案内で、とりあえずはブエアの町へと向かう。警察の検問のねちっこさは相変わらずで、強盗を避けて道路を逆走する必要があるのも同じだった。とりあえず国の「顔」である空港から変えようということかもしれない。

今回の旅行では、海野さんのすすめもあって、ニャソソ[*67]という英語圏の村と、エボゴ[*68]というフランス語圏の村で調査することにした。どちらも保護林ではないので、事前の煩雑な調査許可申請が不要で、いくらか気楽である。

翌朝、さっそくニャソソへ向かう。ジョージは相変わらず忙しいので、その友人のルイスが運転手兼警護役として付いてきてくれることになった。とても親しみやすい笑顔をした、見るからに人のよさそうな男である。

## ニャソソの村

ブエアの町から車で四時間ほどのところに目的のニャソソの村があるそうだ。事前にジョージがバスを乗り継いでニャソソへ行ってくれ、「ウイメンズ＝センター」[*69]という簡易宿泊所を予約しておいてくれた。

人口数千人の小さな村で、あちこちに牧場に囲まれた美しい造りの教会があり、のんびりとした雰囲気である。

カメルーン二日目の午後、村に着いてからは、ルイスが情報収集してくれ、まずは村長へ挨拶である。保護林ではないとはいえ、村の土地で調査する以上は、挨拶が必要となる。もちろん、ただ「こんにちは」というわけではない。それなりの心付けが必要で、カメルーン流のその方法を教わり、挨拶を済ませた。

翌朝、ようやく本格調査開始だ。村で案内人のおじさんを雇い、最初は村を見下ろすようにそびえるクペ山[*70]に登る。頂上付近は保護区になっているので、その途中で採集しながら進む。

登山道の脇にイラクサ属[*71]の植物が生えており、そこにたくさんのツノゼミがいるではないか。イラクサ属の多くは細かい毒針に覆われた有毒植物で、日本のイラクサほどではないが、触るととても痛い。しかし、痛みに耐える価値があるくらい、いろいろなツノゼミがたくさん見つかった。幸先がいい。

チャボはコガネムシが狙いで、昔ここを訪れたバシリーがたくさん採集しているマンマルコガネ亜科[*72]のなかまを狙って、落ち葉をふるいにかける作業をしている。マンマルコガネというのは、驚くとダンゴムシのように丸くなるコガネムシの一群で、私も好きな魅力的な虫である。

その日から数日はツノゼミを採集しつつ、地面にサスライアリの行列を求め、村の近くの森の中や畑の中を歩いた。ニャソソは森の中に集落が点在しているような雰囲気で、全体に環境が良く、見かける虫の数が多かった。季節もいいし、深い原生林でないことも手伝っているようだ。

ニャソソの村からクペ山を眺める（KT）

素晴らしい角を持つカネジャクツノゼミの一種（KT）

右を向いたコクチョウに見えるコクチョウツノゼミの一種（KT）

## 珍奇なハネカクシ

ニャソソ滞在三日目の午後、集落の森の中を歩いていると、地面にサスライアリの行列を見つけた。しかも、歩道を横断しており、とても観察しやすい。奇人と一緒にしばらく観察することとし、地面に腰をかけた。

サスライアリの行列は働きアリが作った高さ一センチメートルほどの土壁で覆われている。サスライアリやグンタイアリは生態系における捕食者として非常に強い存在であるが、一部の種を除き、意外なことに一ミリメートル程度の小さなハエが天敵である。そのハエはアリに卵を産みつけ、幼虫がアリの体内を食べる。つまり寄生するのだ。寄生されるアリもそれを知っていて、とてもハエを恐れており、ハエが近づくだけで大騒ぎとなるくらいである。そのため、行列に土で壁を作って、ハエが入れないようにするものが多い。

行列を刺激しないように土壁をどけ、観察する。

すると、次から次へとハネカクシが現れた。前回のカメルーン調査でも少し採集したツノヒゲハネカクシ族[*73]のなかまが中心だが、個体数も種数も明らかに多い。これは当たりかもしれない。

「あ!! 来た!!!」

またしばらく待つと、こんどはドリロクラートゥス[*74]という珍奇なハネカクシがやってきた。

サスライアリの行列（KS）

サスライアリの行列から見つかった嬉しいハネカクシ（ドリロクラートゥス）（KT）

これはとても嬉しい！　基本形態はアリに姿を似せているが、腹部が巨大で、どういう意味なのかわからないほどに特殊化している。

本書の最後に詳しく説明するが、実はアリの形をしたハネカクシの進化を遺伝子から解析しようという計画を進めていたところで、これは研究材料として欲しかったハネカクシだった。

サスライアリは警戒心がとても強く、慎重に採集していたものの、だんだんと行列を刺激してしまい、怒った護衛の働きアリがあちこちを歩きまわり、私たちの服に上がってきたうえ、行列も形がなくなってしまい、数時間の観察で調査を中断せざるを得なくなってしまった。残念だが、良いものが見つかったので、まずは一安心である。

## カカオを運ぶ子供たち

こちらの子供はみんな人懐っこく、かわいらしかった。私たちのためにカメレオンを採ってきてくれたりして、夕方は遊びに来る子供たちにお菓子やジュースをあげるのが習慣になっていた。

ところで、「カカオの生産の裏には安い児童労働がある」というようなことを聞いたことがある人がいるかもしれない。つまり私たちの好きなチョコレートの原料であるカカオは、児童を酷使して作られているというわけである。

そういう話を聞いても、どうもピンとこない。普通はそうだろう。しかし、このニャソソ滞在中、まさにそういう現場を何度か目撃した。

私たちが能天気に虫を探していたある日、夕方近くなり、さて宿に戻ろうかというとき、山道で小さな女の子が何かを運んでいるのが見えた。追いついてみると、風呂敷に包んだカカオの実を泣きながら運んでいるではないか。その風呂敷も粗末なもので、歩いている間にゴロゴロとカカオの実がこぼれ落ちた。ルイスが包み直して渡してやっていたが、カカオの実は石のように硬いし、一つ一キログラムくらいもあり、それを小さな子が五個も六個も運んでいるのである。

これには心が痛んだが、何もできなかったし、今考えても何もできなかったと思う。

ルイスによると、カカオはこの村の重要な現金収入だそうで、その卸値を聞くと、なるほど、これではもう他の作物は作れないと思った。しかし、畑に行く道には山道しかなく、人が手でカカオを運ぶほかない。家族にとっては猫の手も借りたいという状況なのであろう。

かわいい子供たち(KS)

世の中にはフェアトレードというものがあって、そういった学校に行けずに働く子供たちのために現地に多めの現金を流したり、児童労働で得られた作物を買わないという動きもあるらしい。

しかし、このような山村で、フェアトレードの仕組みが効果的に働くとは到底思えなかった。お金は途中で吸い上げられるだけであろう。フェアトレードを批判するつもりはまったくなく、むしろ立派な考えだとは思うが、それでは解決できない現状があることを知ることができたのは良かったのかもしれない。

山道を抜けて道路に出ると、こぎれいな白い制服を着た児童たちが家路につくところだった。カカオを運ぶ子供たちに、この光景はどのように見えるのだろうか。もっとも、この村でも小学校ができたのはここ十数年のことで、それまではほとんどの子供が学校に行かずに働いていたそうだ。

カメルーン全体が経済的に発展しない限り、現状に大きな変化は訪れにくいだろうと思われた。「今後、自分に何かできることがあるだろうか」などと考えた。

## 海外調査でいちばん怖いもの

ニャソソの村での採集は比較的成功だった。ツノゼミは二十種近く採れ、これは予想外の収穫だった。もともとツノゼミが主目的だったので、ほとんど目的は達成されたようなものだ。

サスライアリのハネカクシも重要なものが見つかり、こちらも満足できた。

奇人もいろいろ撮影できたようだし、チャボもいろんな種のマンマルコガネを採集することができた。

宿の食事はやはり基本的にすべてトマトソース味だったが、たまに生きたニワトリを奮発したり、冷たいビールも飲むことができて、なかなか快適だった。村人にお金を無心されるのには少々困ったが、また来たい場所だった。

次の村はエボゴで、許可申請の関係でブエアを経由していくことになった。

そのブエアへの帰り道が怖かった。ルイスの運転がとにかく荒く、ほとんど爆走といってよい状態だった。

実は海外調査でいちばん怖いのは、毒虫でも毒蛇でもない。悪人も怖いが、それとならんで怖いのが交通事故と言われている。日本ほど交通規則のしっかりしていない国では、とにかく運転が荒く、交通事故に巻き込まれる日本人旅行者も少なくない。

坂道の峠で追い越したり、ものすごく近くまでパッシングしたり、とにかくルイスの運転には生きた心地がしなかった。

ようやくブエアに着いてみると、なんと若くて美しい奥さんが町の入り口まで出てきているではないか。ルイスは奥さんに会いたいがために爆走していたのである。嬉しそうな顔をして、途中で買った野菜を渡していた。「おい！　そのせいだったのかよ！」と私たち全員が脱力した。

エボゴの森の中を歩く一行（KS）

## 爆走はこりごり

翌朝、目的のエボゴへと向かう。こんどは七時間の長旅だ。前日の運転はもうこりごりだったので、三人で相談し、チャボをダシにすることにした。

「チャボは車にものすごく弱いので、ゆっくり走ってほしい」

昨日の暴走は本人も自覚していたようで、それを指摘するのもカドが立つと思い、そういうことにしたわけである。

途中で何度かひどい警察の検問があったが、こんどは風景を見ながらの楽しい移動となった。

夕方、「エボゴ＝ロッジ」[*75]に到着した。私たち三人はこぎれいで広いコテージに通された。ルイスは半額で窓のない小屋に入れられ、少し気の毒だったが、本人はそれでいいと頑なだった。

宿の主人は五十くらいの精力的な雰囲気のオヤジで、フランス語圏であるにもかかわらず、英語が達者で、ここに多くの外国人を泊めた実績を感じさせた。

全体に高価だったが、食事が素晴らしく、毎日トマトソース味ではない料理が出てきたのには驚いた。フランス語圏（旧フランス領）と英語圏（旧イギリス領）の違いもあるのかもしれない。

## サスライアリの絨毯攻撃

ここでの採集もなかなか楽しかった。古い二次林という感じで、いちばん虫の多い環境だ。二次林とは、一度森が切り開かれ、再び木が生えて林となったところのことである。ツノゼミも種数が多く、ニャソソとは距離が三百キロメートルくらい離れていて、環境が少し違うだけに、少し異なる雰囲気のものや少ないながらまったく違う種が採集できた。

ある朝、食堂で朝食を取っていると、サスライアリの群れが現れた。食堂は東屋《あずまや》のような造りで、壁はなく、絨毯攻撃の一部が足元まで迫ってきた。

エクアドルやペルーでグンタイアリの絨毯攻撃は見たし、前回のカメルーンでも見たが、まったく規模が違った。それらの絨毯攻撃がせいぜい数メートル四方であったのに対し、ここでは十五メートル四方くらいの広大な面積がアリの群れで覆われているのである。これは壮観というほかなかった。

宿の周辺にはレインボーアガマというトカゲがたくさんいたのだが、みんな一斉に逃げ出し、

美しいトカゲのレインボーアガマ（KT）

サスライアリに分解されるレインボーアガマの幼体（KT）

逃げ遅れたトカゲはあっという間にバラバラにされて運ばれていた。もちろん、宿のまわりの草むらにいたバッタやゴキブリも大慌てである。

宿の人は手慣れたもので、食堂にアリがあまり入らないよう、行列をショウガの葉で遮り、アリの行く手を制御していた。ショウガは匂いの強い植物なので、なんらかの効果があるのかもしれないが、観察した限りではわからなかった。

そして驚いたことに、ここにもステュロガステルがいて、奇人が喜んで撮影していた。ペルーのものより警戒心が薄く、撮影が容易とのことだった。

もちろん、ハネカクシ探しにも絶好の機会である。絨毯攻撃から引き返すアリは行列を作っていて、それを眺めると、大小さまざまなハネカクシがいるではないか。部屋に飛んで戻って吸虫管をつかんで採集態勢である。

「ドリロミムスだ!!!」[*76]

しばらく観察すると、アリ型のハネカクシが出てきた。そのなかまを代表する重要な種であり、これには狂喜した。

サスライアリの絨毯攻撃の上を飛ぶステュロガステル(KT)

サスライアリの行列から見つかったアリ型のハネカクシ(ドリロミムス)(KT)

とにかくサスライアリの迫力には恐れ入った。グンタイアリも同様だが、このようなアリは、現地の生態系に捕食者として大きな影響を与えている。もしこのアリがいなかったら、というのは考えにくいのであるが、別の捕食者が君臨し、きっと今とは違った風景になっていただろう。

## 食えないオヤジ

夕飯は素晴らしかったのだが、ときおり宿のオヤジの家にお呼ばれする

オーナーの家族との食事（右端がオヤジ）（KS）

のは気が重かった。昼間はバラバラに行動している私たちにとって、夕飯が重要な作戦会議の場だったからである。しかし、できるだけこういう場所で人間関係の波風を立てないのは鉄則である。オヤジからすれば、家の夕飯を食べさせて、調理にかかる人件費を節約したいという腹だったのではないかと思われた。

また、私たちは朝食と夕食だけを注文していたのだが、オヤジに言わせれば、経営上、昼食を注文しないのが不満だそうだ。よくそんなことが客に言えるものだとも思ったし、昼は思いきり調査時間であり、レストランでのんびりと食事などしたくない。その点だけは感情をあらわに主張した。オヤジの夕食の誘いを断らないのは、そのあたりの妥協点とも言えた。

そうやってあまり気乗りせずに夕飯にお呼ばれしたのだが、それでもカメルーンの家庭の話を聞くのはなかなか面白かった。

印象的だったのは、オヤジが繰り返し、自分はもう先が長くないと話していたことである。家には十二人もの子供がひしめいていて、見るからに絶倫でムキムキのオヤジだが、なるほど、カメルーンの平均寿命は五十五歳で、彼ももうすぐその歳と聞くと納得がいく。このような山村では、ちょっとした病で命を落とすことになるそうだ。たしかに村で老人を見かけることは少なかった。

なんだか複雑な気分になったが、ここでは日本人でいう働き盛りに死ぬのは普通なのである。日本人が人生八十年と考え、六十〜六十五歳の退職後に悠々自適の生活を送ると考えると、根底にある人生観の違いが垣間見え、今のうちに稼げるだけ稼いでおきたいという気持ちもわかった。こんど来るときには余裕を持ち、昼食もしっかり頼むべきだと考え直した。

## 帰国後に狂喜乱舞

現地では海野さんの紹介で、アタンガとアンボワーズというチョウの採集人をガイドに雇った。チャボはシロアリの塚を掘って、シロアリと共生しているコガネムシが採りたいという。私もそういうコガネムシが好きなので採りたい。

そこで何日間かはシロアリの塚を掘る作業も行った。アタンガたちに良い場所を案内してもらうと、首尾よく見事な塚があり、持参した鍬《くわ》でくずして掘り進む。

しかし、延べ二日間にわたるチャボと私の相当な労働は無駄に終わってしまった。残念だが、目的のコガネムシは見つからなかったのである。

ただ、そのときに二ミリメートル程度の小さな黒い甲虫が出てきたのだが、それがバンコウス[*77]という世界で数匹しか見つかっていない、きわめて珍しい、シロアリと共生するオオキノコムシ科の甲虫だったのである。帰国し、研究室に戻って、初めてそれだとわかった。このように、小さすぎて現地ではわからず、持ち帰ってみて大喜びということがたまにある。

なお、その塚のシロアリは、キノコシロアリといって、前述のハキリアリと同様、巣の中でキノコを育てる習性を持つ。そのキノコ目当てにいくつかの共生昆虫がいるのである。

実はとても珍しかったシロアリの菌園にいるオオキノコムシ(バンコウス)(KT)

## またあのトイレへ

最終日、会計を済ませてエボゴを発つ。

今回はニャソソもエボゴも虫が多く、とても楽しかった。前回あまりにいろいろなことがあり、最初からそれを避ける計画をしていたということもあった。良いことに問題があるといえば、本書に書くほどの問題が何も起きなかったことである。いろいろなことがあり、最初からそれを避ける計画をしていたということもあった。良いことには違いないのでご容赦いただきたい。

帰り道のラジオを聞いていたルイスが面白いことを言っていた。「トラック協会」という団体が、警察の賄賂要求に反発し、ストをしているとのことだった。たしかに検問だけで相当な時間を割くし、お金も取られる。運転を労働としている人には重い負担になっているのだろう。しかしルイスいわく、警察の給料が安すぎて、賄賂要求なしには誰も家族を養えないそうだ。物事は単純ではない。

そのままドゥアラの町に行き、ジョージと合流。標本の輸出許可をもらい、帰国となった。帰りに前回のレストラン街に寄る。魚は念のためにやめ、みんなでフライドポテトとビールを注文した。

そうなると気になるのはあのトイレである。トイレに続く暗闇の路地裏はいかにも危なそうな雰囲気だったが、このときは危険性より好奇心が勝ってしまい、またボーイに懐中電灯を借りて、トイレに案内してもらった。残念ながら前回のような光景は見られず、壁には十数匹のGがはりついているだけ。私の気配にささっと逃げ出していった。

# 第5章　新種新属発見！

## ——カンボジア　2012年6月ほか

## はなちゃんと知久さん

拙著『ツノゼミ ありえない虫』は、日本で初めての本格的なツノゼミの本として、あちこちから反響をいただいた。ツノゼミの奇想天外な姿からか、もともとの昆虫好きではない芸術好きや美術関係の方々が買ってくださったという話をとくによく聞いた。

その芸術関係者の一人に、当時女子美術大学の学生さんで、ツノゼミやゾウムシを題材として作品を作っている奥村巴菜さん（以下、はなちゃん）がいた。小さいころ、お父さんが南米に行ったときに持ち帰ってきたツノゼミを見て、ツノゼミに興味を持ったそうだ。作品を拝見すると、虫の体の基本構造を忠実に再現していて、そこに作品としての個性を反映させている。これには驚いた。

昆虫を題材とした芸術作品は少なくないが、多くは観察が甘く、中には昆虫の体《てい》をなしていないものもある。それはそれで普通の観客には関係のないことなのかもしれないが、私には虫を馬鹿にしているようで、そもそも題材の観察を軽視した点に、許せないことがある。その点、はなちゃんの作品は、真摯に虫という題材と向き合っていて、そこで初めて虫の個性をつかみ、作品を生き生きとさせている。虫への愛情が感じられるのも嬉しいし、研究者としても安心して楽しめるものがあった。

また、音楽家で、元「たま」の知久寿焼《ちくとしあき》さんが実はツノゼミ好きで、この本の出版を心から喜んでくれた人の一人だった。知久さんからの質問が出版社へ届き、それから知久さんと私との交流が始まった。

話を聞いてみると、知久さんのツノゼミ好きは筋金入りで、二十代からツノゼミに興味を持ち始め、最近では毎年のように東南アジアに採集に出かけているという。ツノゼミに関しては私よりもはるかに先輩である。

話が長くなったが、とにかくツノゼミに関して、芸術家と音楽家という、まったく違う分野の人と知り合うことができた。

## 手描きツノゼミ地図の威力

知久さんが頻繁に訪れる採集地の一つにカンボジアのシェムリアップがあった。有名なアンコールワット遺跡の周辺である。知久さんはそこで二十五種くらいのツノゼミを採集していて、写真を見せてもらったところ、初めて見るとてもかっこいいものもいくつかあった。

アジアのツノゼミは南米に比べて種数が少なく、灯火にも滅多に来ないため、基本的に採集は難しい。知久さんと出会った当時の私はアジアのツノゼミ採集に関してはまだ初心者であり、知久さんに採り方を見せてもらいつつ、自分でもそれらのかっこいいツノゼミを採集してみたいと思った。

知久さんと知り合った年の六月、最初の機会が訪れた。肝心の知久さんは数日遅れて来ることになったので、私とはなちゃんと私の指導する学生の三人でシェムリアップへと向かった。事前に知久さんから手描きの地図をもらっていて、それを参考に採集することにした。

アンコールワットといえば、世界的な観光地である。ツノゼミがたくさんいるなどとは最初は信じられなかったが、空撮の地図で見ると、たしかに周辺は森で覆われており、ツノゼミがいてもおかしくない。もちろん、遺跡のど真ん中で採集するわけではないのだが、観光用のバイクタクシー（トゥクトゥク）に乗り、遺跡の入場料を支払って、遺跡の中を見物しながら、採集地へと向かった。

六月は雨季が始まってしばらく経った時期であり、遺跡周辺はかなり湿っていた。知久さんの地図にあったツノゼミの採集地は、もうしばらくすると完全に池になるような場所ばかりで、長靴を履きながらの調査となった。

知久さんはかれこれ十五年間、毎年ここに通っているそうで、知久さんの地図は正確をきわめた。どこにどんな植物があって、どういうツノゼミがいるかが、詳しく書いてあるのである。そのおかげで、最初の二日間だけで二十種近いツノゼミを採集することができ、知久さんが合流するころにはツノゼミだけでお腹いっぱいというくらいに見つかり、たくさんの生態写真も撮ることができ、大満足となった。

中でも嬉しかったのは、ミドリズキンツノゼミ[*78]と新種のヘビツカイツノゼミ[*79]である。前者は緑色が美しく、後者は実にきれいな模様がある。アジアのツノゼミとしては珍しい姿であった。

## ツムギアリと暑さのW攻撃

ツノゼミの多くはアリと共生している。

緑が美しいミドリズキンツノゼミ

しゃれた模様のヘビツカイツノゼミ（KT）

雨漏りするトゥクトゥクで移動する筆者と知久さん

凶暴なツムギアリ（ST）

植物には動物でいう血管のような管があるが、それには師管と道管という二種類がある。師管は栄養分を運び、道管は水を主に運ぶ。ツノゼミはその師管から汁を吸い、栄養分を得ているのだが、師管には糖分が多すぎるので、余計な糖分をおしっことして排泄する。アリはその甘いおしっこを飲むために集まり、その見返りにツノゼミを外敵から守る役目を果たしているのだ。つまりツノゼミからすれば、甘いジュースをあげる代わりに、アリから身を守ってもらっているのである。

ツノゼミの種によってある程度、共生するアリの種の違いがあるが、シェムリアップのツノゼミは、多くがツムギアリというアリと共生している。このアリは面白くて、幼虫に糸を吐き出させて葉を丸く綴りあわせ、その中を巣としているのである。

そしてツムギアリのもう一つの特徴にその凶暴さが挙げられる。巣はもちろん、随伴しているツノゼミに触れようものなら、すぐに怒って咬みついてくるのだ。これがものすごく痛い。一センチメートル近くある大きなアリで、咬まれるだけでも痛いのだが、さらに蟻酸《ぎさん》という酸性の液体を大量にお尻から吹き付けてくるのである。それが咬まれたところに染みるのだ。

ツノゼミは簡単に見つかったが、採集するときにこのツムギアリに必ず咬まれるのには閉口した。数匹に咬まれる程度なら我慢できるが、巣の近くのツノゼミを採ろうとすると、あっという間に数十匹にたかられ、その痛さに悲鳴をあげたくなるほどである。それが続くと、シュンと心が萎える。しかしツムギアリとしても、共生相手を守るのに必死なのだから仕方ない。

また、滞在中は晴れたり降ったりだったのだが、ツノゼミが多いのは高い木のない開けた場所が多く、晴れていると、とにかく暑かった。気温が四十度を超える日も多く、熱帯特有の強い日差しもあって、休み休みの調査となった。あるとき、夢中でツノゼミを観察していたはなちゃんの顔が真っ赤になり、明らかに熱射病になりかけていて、急いで日陰に連れて行ったこともあった。

## 嬉しすぎた副産物

毎日トゥクトゥクで移動しているうち、私はある風景が気になっていた。観光バスや乗用車が頻繁に往来する道路の脇に、シロアリの塚が目に付いたのである。そこで、最後の一日だけ、他の三人がツノゼミを探している間に、その塚を掘ってみることにした。

さて、掘ってみると、共生昆虫が豊富なキノコシロアリのなかまである。これは何か採れるぞと思い、さらに掘り進めると、シロアリが何か黒いものを運んでいる。どうやら甲虫のような雰囲気だ。

「お？　え？　あ……？　あああ……！！」

思わず変な声が出て、急いで吸虫管でシロアリからその甲虫を取り上げた。果たしてそれはシロアリコガネ族[*80]の一種で、一目見て新属新種とわかるものだったのである。

シロアリコガネ族は造形的に非常に素晴らしい姿をした甲虫の一群で、二十年以上前から、いつか自分の手で採集したいと願っていた。しかし、これまでに採れているのは、アジアではインドとミャンマーだけで、カンボジアのあるインドシナ半島からは一切の記録がなかった。インドもミャンマーも、どちらも調査が難しく、夢のまた夢だと思っていた。

今回の種は、これまで知られているいずれの属や種ともまったく違う。既知のすべての種は後翅があって飛べるのだが、この種は上翅が融合して飛べなくなっていて、異様な体型をしている。憧れていたシロアリコガネ族の、それも新属新種である。これほど嬉しいことはあろうか。

なお、本書には新種発見の様子がたくさん出てくる。それには「他人のやっていないことに気づき、それをコツコツとやる」という勘と努力も必要なのだが、今回ばかりは完全に運である。まったくの青天の霹靂《へきれき》である。たしかに人生の中で一度は採集したいと願っていたが、「果報は寝て待て」の言葉にあるように、期待しすぎると余計に運にめぐり合えないのも昆虫

シロアリに運ばれていたシロアリコガネ族の新属新種（エオコリトデルス＝インクレディビリス）

同じく拡大（背中にシロアリが運ぶための「取っ手」がある）

採集である。

宿に戻ってこの虫の素晴らしさと採集できた嬉しさをみんなに語り、その晩は最終日ということもあり、ビールと美味しいカンボジア料理で祝杯をあげた。素晴らしい成果につなげてくれた知久さんに大感謝である。

## 論文はこうして書いてます

この調査ではこれまで知久さんが採っていなかったツノゼミまで採集でき、結局、シェムリアップ周辺のツノゼミは三十一種を数えることとなった。そもそもカンボジアからは二種のツノゼミしか正式な記録がないし、アジアにおける一ヶ所のツノゼミの種数の記録としては最多のものとなった。

それよりも、それよりも、である。私にとっては、最後の最後に採れたシロアリコガネ族の新属新種がたまらなく嬉しかった。今でもそのときのことを思い出すと心臓の鼓動が早まるくらいだ。

帰国後、すぐに新属新種として発表する論文を書き始めた。

ところで、多くの人が知らないであろうから、「新種の発表」とはどういうものであるか、手短に説明したい。たまに新聞でそういう内容が掲載されるが、正確な表現というものを見たことがないくらいで、多くの新聞記者でさえ正しい内容を理解していないことである。

まずは論文の執筆だ。種は世界共通なので、日本語で書くのは迷惑となるので、基本は英語である。新種発表の場合、文章そのものよりも、図の作成が命となる。新種の特徴を示す写真を撮ったり、わかりやすい絵を描く。

次に新種の学名(通常はラテン語やラテン語化した別言語)を決め、そのわきに「sp. nov.(新種)」などと、新種であることを明記する。これを「命名」という。その下に、その新種がどういう特徴を持っているのか、近縁種とどう違うのかなど、形態的な特徴を詳しく書く。これを「記載」という。

さらに、その新種がどこで採れたのかなど、標本の情報も詳しく書き、基準となる一匹の標本を指定する。これを「正基準標本(ホロタイプ)」といい、それが種の基準となる。標本が複数あった場合、それに複数種含まれている可能性があると、後の混乱につながるからだ。

そうやって論文が完成したら、こんどは学会の出す雑誌などに投稿する。それが審査を経て受理され、最終的に印刷され、世界各地の図書館に配布されたり、インターネット上で公開される。そのことを「公表」というのだが、この公表の時点で、初めて「新種の発表」となるのである。

ちなみに、「新種」というのは、ゴジラみたいに「新しく生まれた種」というわけではない。

あくまで「新しく発表された種」という意味である。その種やそれに近い祖先は何十万年、何百万年も前から、存在はしていた。しかし、誰にも見つかっていなかったか、研究されていなかっただけである。

もう一つ、「新種に自分の名前を付けていいのですか」という質問を受けることがよくある。たしかに新種の名前は発表者（命名者）が勝手に付けていいが、自分の名前を付けることは決してない。自分で自分の名前を付けることなど恥ずかしいからだ。あくまで命名者として名前が残るだけであり、可能性があるとすれば、新種を見つけた後に別の研究者に標本を託し、その人に自分の名前を付けてもらうことである。

今回のシロアリコガネ族の新属新種は、自分にとってあまりに嬉しく、さらにとても美しい虫だったので、たまに面倒に感じるこの論文作成を嬉々として進めた。

しかし、今回の調査では、わずか数匹しか見つからず、論文にするには少し足りないし、あの感動をもう一度味わいたいという気持ちもあった。

そこで、とりあえず論文をニュージーランドの国際的な雑誌に投稿し、わずか二ヶ月後、その年の八月に再訪を決意した。

## 奇人の異常な興奮

郵　便　は　が　き

料金受取人払郵便

代々木局承認

1536

差出有効期間
平成30年11月
9日まで

1 5 1 8 7 9 0

203

東京都渋谷区千駄ヶ谷 4 - 9 - 7

(株) 幻 冬 舎

書籍編集部宛

1518790203

ご住所　〒
都・道
府・県

お名前　フリガナ

メール

インターネットでも回答を受け付けております
http://www.gentosha.co.jp/e/

裏面のご感想を広告等、書籍の PR に使わせていただく場合がございます。

幻冬舎より、著者に関する新しいお知らせ・小社および関連会社、広告主からのご案内を送付することがあります。不要の場合は右の欄にレ印をご記入ください。

不要 □

本書をお買い上げいただき、誠にありがとうございました。
質問にお答えいただけたら幸いです。

◎ご購入いただいた本のタイトルをご記入ください。

『　　　　　　　　　　　　　　　　　　　　　　　　　』

★著者へのメッセージ、または本書のご感想をお書きください。

●本書をお求めになった動機は？

①著者が好きだから　②タイトルにひかれて　③テーマにひかれて
④カバーにひかれて　⑤帯のコピーにひかれて　⑥新聞で見て
⑦インターネットで知って　⑧売れてるから／話題だから
⑨役に立ちそうだから

| | | | | |
|---|---|---|---|---|
| 生年月日　西暦　　年　月　日（　　歳）男・女 | | | | |
| ご職業 | ①学生 | ②教員・研究職 | ③公務員 | ④農林漁業 |
| | ⑤専門・技術職 | ⑥自由業 | ⑦自営業 | ⑧会社役員 |
| | ⑨会社員 | ⑩専業主夫・主婦 | ⑪パート・アルバイト | |
| | ⑫無職 | ⑬その他（　　　　　　） | | |

ご記入いただきました個人情報については、許可なく他の目的で使用することはありません。ご協力ありがとうございました。

帰国後、奇人に今回の成果を見せたところ、ひどく興奮していた。奇人が来ればまた違うものが見つかるかもしれないと思い、こんどは彼も誘っての調査となった。別の教え子二人も、別行動ではあるが、一緒に出かけることにした。

到着後、さっそく奇人と一緒にシロアリの巣を掘ってまわる。宿泊していたホステル専属のトゥクトゥク運転手が協力的で、予備の鍬を渡すと、次々とシロアリの菌園を掘り出してくれた。彼は芸人の宮迫博之さんにそっくりで、日本人観光客に「ミヤサコ」と呼ばれたことから、本人もそれを自称している（以下、ミヤサコ）。

あるとき、高さ一メートルくらいの大きな塚をくずしていたところ、中から二センチメートルくらいのトゲバシホ

トゲバシホソハナムグリ（KT）

調査に協力してくれた運転手の「ミヤサコ」

シロアリのハネカクシ（ディスコクセヌス）（KT）

ソハナムグリ[*81]が出てきて驚いた。シロアリよりはるかに大きな虫が、菌園の中に鎮座していたのである。

この虫はアリノスハナムグリ族[*82]の一種であり、私たちにとって、生きたアリノスハナムグリのなかまを見るのは夢の一つで、二人とも大興奮で大声で喜びあった。

とくに奇人の興奮は尋常ではなく、いきなり座禅を組んで、奇声を発しながら、そのまま地面を歩き始めたのである。それくらい嬉しかったようだ。

「わかったから、早く撮影してよ」

先に冷静になった私が奇人をたしなめ、さらに調査を続けた。

## さらなる大発見

同じシェムリアップの中でも、場所によって多いシロアリの種構成が異なることがわかり、ミヤサコに頼んで、あちこちをめぐる日々が続く。

シロアリの巣からはディスコクセヌス属[*83]などのハネカクシもたくさん見つかり、このなかまを研究している教え子の金尾太輔君のためにたくさん採集したのだが、後日十種近い新種が含

さらに見つかったメクラシロアリコガネの新種（テルミトトロックス＝クピド）（野外）（KT）

まれていることがわかった。とにかくこの周辺はシロアリの種数が豊富で、にもかかわらずその共生者がまったく調査されていなかったのである。

　そしてあるとき、ミヤサコが一ミリメートルくらいの甲虫を指でつまんで私に見せてきた。

「あ……何これ!!!???」

　たった一ミリメートルの虫だが、見た瞬間にわかった。こんどはメクラシロアリコガネ属[*84]のコガネムシの一種だ。このなかまも至近の産地がインドで、この地域からはまったく見つかっていなかったものだった。これにも昔からとても憧れていて、まさかのまさかだった。ミヤサコに大感謝で

同じく標本写真

ツムギアリの巣の中から見つかったアリノスシジミの蛹（KT）

ある。

　その後、同じ種のシロアリの巣から二十四近い追加を採ることもできたし、目的の新属新種の追加も採集することができた。

　また、奇人にツムギアリが多かったという話をしたところ、その巣も調査してみようということになった。木の上にあるツムギアリの巣を高枝切りばさみで採取し、二本の棒を使って地面でこじあける作業を繰り返す。当然、アリにとってはいい迷惑で、われわれの体を咬みまくる。

　それを繰り返していると、突然、奇人が奇声をあげ、また地面を転がり始めた。なんと、巣の中にアリノスシジミというチョウの蛹がいくつもあったのである。

　アリノスシジミはとても珍しいチョウで、なかなか見つからないが、幼虫はツムギアリの巣の中でアリの幼虫を食べて生活していることが知られている。二人ともいつか見たいと思っていたもので、今回は密かにこれも探していたのだった。

また、空き地に石がごろごろと転がっている場所があった。石の下といえばアリの巣で、それらを起こして、アリの巣の中を探ることもした。その結果、私がいちばん好きな虫の一群であるヒゲブトオサムシの一種[85]を奇人が見つけた。残念ながら新種ではなかったのだが、珍種揃いのこのなかまを見つけるだけですごいことなのである。

嬉しかったヒゲブトオサムシの一種（KT）

## チャボに完敗

帰国後、シロアリコガネ族の新属新種とメクラシロアリコガネの新種は、それぞれ論文として発表した。前者は「エオコリトデルス＝インクレディビリス」[86]という学名とし、「信じられない、東のシロアリコガネ」という意味である。後者は、「テルミトトロックス＝クピド」[87]とした。「クピド」は「愛の神キューピッド」のことで、翅に付いた天使の羽のような模様にちなむ。私が熱帯の調査を始めて十年が経とうとしており、そのお祝いにキューピッドがほほ笑んでくれたかのようだった。

それから二年が経った二〇一四年の夏、こんどは写真家の山口進さんとともに、やや長期でアンコールワット遺跡に滞在する機会を得た。私が以前にたくさんいることを確認したツムギアリの取材である。

そしてこのとき、その後一緒に前述のカメルーンへ同行することとなるチャボも付いてくることになったのだが、彼がやらかしてくれたのである。

あるとき、炎天下でツムギアリの撮影をしていたところ、緊急用に空港で買った電話にチャボから連絡が来た。

「大変です」

声が震えている。

「おい、どうした？　なんかあったのか？」

事故にでも遭ったのかと思い、一瞬心臓がとまりそうになったが、そのような話ではなかった。

「メクラシロアリコガネの新種を見つけてしまいました。しかもでかいんです」

「まさか。何かの間違いだろ？」

背中に冷たいものが走り、炎天下にもかかわらず電話からカキ氷が出てくるようだった。

夕方、宿でチャボと合流し、さっそくそれを見せてもらうと、彼の言うとおり、メクラシロアリコガネ属のまぎれもない新種だった。

私が前に見つけたクピドは、世界最小のコガネムシということになり、それはそれで大発見だったのだが、チャボの見つけたものは二・五ミリメートル近くあり、とてもかっこいいものだった。

チャボが発見したメクラシロアリコガネの新種（テルミトトロックス＝ウェヌス）（KS）

「お、おめでとう」

口ではそう言ったものの、とても穏やかな気持ちにはなれなかった。なぜならば、その新種は、私がエオコリトデルス＝インクレディビリスを採ったシロアリと同種のシロアリの巣から見つかり、チャボが巣内の微妙に異なる環境に視点をずらして発見した成果だからである。まさに「完敗だ」という気持ちになった。

その後、その新種は「テルミトトロックス＝ウェヌス」[*88]としてチャボ初の新種発表の論文となった。最初の新種がこれとはなんともうらやましいことである。ちなみに「ウェヌス」とはいわゆる「愛の女神ビーナス」のことである。キューピッドはその息子とされることも多く、しばしば一緒に物語に登場したり、西洋絵画に描かれることにちなむ。

第6章

# 熱帯の涼しくて熱い夜

――マレーシア　2000年5月ほか

## 人生初めての熱帯

マレーシアは私にとっていちばんなじみ深い外国で、今でも毎年のように通っている。初めて訪れたのは二〇〇〇年五月のことで、それが私にとって人生初めての熱帯だった。

自然写真家として知られる永幡嘉之さんは当時、アジア各地の熱帯地方で昆虫採集をしていた。そのころ私は大学を卒業し、二年間の修士課程を経て、三年間の博士課程に進んだばかり。一度でいいから熱帯に行きたいと思っていて、永幡さんに頼み込んで最高の時期のマレーシアに連れて行ってもらったのである。

場所は昆虫採集地として有名なキャメロンハイランドで、夜にクアラルンプールの空港に着き、そのままタクシーでタナラタ[*89]という町の宿まで行き、宿の外の濡れたソファーで仮眠し、その翌朝から採集を開始したのだった。

このときは若かった。日本から発電機と水銀灯を持参し、毎晩のように周辺で灯火採集をした。当時は飛行機の荷物の持ち物制限がゆるく、発電機を機内持ち込みし、足元に置いてクアラルンプールまで飛んだのを覚えている。

この旅で印象的だったのは、ある晩、発電機を背中に背負って、タナラタの町を見下ろすようにそびえるジャサール山に登り、その頂上で灯火採集を行ったことである。永幡さんは早々に帰国してしまい、私一人である。夕方頂上に到着し、送電線の近くに白い布を張って準備すると、やがて霧に包まれた生暖かい闇夜となった。こういう日にはたくさんの虫が集まると直感した。

とにかくかっこいいコーカサスオオカブト（HK）

黄色い上翅のフェモラリスツヤクワガタ（KS）

　それからが夢のような時間となった。コーカサスオオカブト[*90]やフェモラリスツヤクワガタ[*91]など、手のひらくらいの大きな甲虫がどんどんと飛んできて、あっという間に布が真っ黒となったのである。それこそ、採りきれないほどの虫が飛んできた。

　子供のころからよく虫の夢を見た。チョウも好きだったが、甲虫がいちばん好きだった。『世界の甲虫』（学研）という図鑑に出ている甲虫をすべて模写したし、枕の下に写真を入れるとその夢が見られると聞いて、枕の下にその図鑑を置いて寝たほどだ。とくにフェモラリスツヤクワガタは何度も夢に出た。その虫が目の前にいる。

楽しい時間が過ぎたころ、雷が鳴り出した。急いで撤収し、山を下り始めたときには大雨となり、登山道は滝のようになった。しかしずぶ濡れになりながらも、あまりに幸せだった時間に、笑いがこみあげて止まらないまま下山したのを覚えている。

このように、最初のマレーシアは楽しかったが、その後、矢継ぎ早に再訪することはなかった。博士課程の専門の研究課題はヨーロッパから日本にかけて生息するクサアリハネカクシ属*92という北方系の一群であり、まずはその研究をしっかり終わらせてから熱帯に行こうと自制したのである。それから三年間近く、熱帯への憧憬を募らせつつ、課題に取り組んだ。大学院は北海道で、雪国の冬の寒さが余計にその気持ちを昂らせることも少なくなかった。

## 待ちわびた旅立ち

三年間の博士課程がようやく終わろうとしていた二〇〇三年の三月、それまで北方系のクサアリハネカクシ属の研究をしていた私は、すぐにマレーシアに行くと決めていた。

日本にもかっこいいハネカクシはいるが、前に紹介したように、熱帯にはアリ型のものに代表される甲虫とは思えない姿のものがいるうえ、種数がとても多く、とんでもない新種発見の可能性もまだまだ残されている。また、そのような理由と同時に、最初に訪れたマレーシアがあまりに印象的だった。

私の研究を応援してくださっている、当時香川大学准教授でアリ研究者の伊藤文紀さんという先生がいる。その方がクアラルンプールからほど近いウル＝ゴンバッ[*93]という場所を主要な調査地としていた。戦後すぐに米軍によるマラリアの研究基地となり、その後も長年昆虫が調査されていた有名な場所である。そこで、伊藤さんの紹介で、ウル＝ゴンバッにあるマラヤ大学の施設で調査をさせていただくことになった。博士の学位審査会の翌日に札幌を発ち、その夜にはクアラルンプールに到着していた。

ウル＝ゴンバッの森の中にある宿舎（KS）

この調査は当時北海道大学大学院の後輩で、現在京都府立大学で教鞭を取る大島一正君（以下、いっせい）も同行した。

現地では、マラヤ大学准教授だったロスリー＝ハシムさん（以下、ロスリーさん）のお世話になり、彼のところで社会人学生をしていたイェック＝ジーフィー（以下、ジーフィー）が森の中を案内してくれた。

## 海外調査の面白さにハマる

その数年前、マレー半島北部で調査をしていたドイツ人学生がモトサスライアリ[*94]というサスライアリの一種から、たくさんの新種の好蟻性ハネカクシを採集した。そして、前に少し触れた好蟻性昆虫の大家であるキストナーさんが、それを論文として発表していた。なお、サスライアリ属は圧倒的にアフリカで繁栄しているが、わずか数種が熱帯アジアにも生息している。

私は初めて熱帯で好蟻性昆虫の調査をするので、何をしていいのかわからない。そこでとりあえず、論文に出ていたそのドイツ人学生が行ったという調査法で、ハネカクシを狙ってみることにした。

その方法とは、小さめのバスケットを地面に埋め、そこにヤシ油をたらすという簡単なものである。モトサスライアリは肉食性で、主にシロアリを食べるのだが、油分が大好きなようだ。そして、地下にトンネルを掘って生活しているため、地中に油を仕掛けるのである。ちょうどジーフィーがその学生の手伝いの経験を持っていて、同じ方法を忠実に再現することができた。

ただ、ジーフィーの気が強く、当時片言の英語しか話せなかった私に、「なんで英語も話せないのに研究しているの？」とまくしたててくるので、こちらは早々に怖気づいた。

その夜、いくつかのバスケットを見回ると、土の表面が真っ赤になるくらいモトサスライアリが集まっていた。それを丸ごと回収し、ふるいにかける。モトサスライアリはサスライアリ属の中では小型だが、大顎は鋭く、咬まれると皮膚に食い込む。しかし、それに耐える価値は十分にあった。採集してはふるいにかけることを繰り返し続けた翌日、果たして、次々とハネカクシが現れた。

どうせキストナーさんが発表したものだろうと思っていたのだが、よく見ると違うものばかりである。そして、そのいずれも、近縁種はアフリカだけで見つかっていて、アジアからは初めてのものばかりであった。中には「将来ア

ヤシ油に集まったモトサスライアリ

モトサスライアリ（KT）

モトサスライアリと一緒に見つかったハネカクシ（どちらも新属）（ST）

フリカに行って見つけたい」と考えていたなかまも交じっているではないか。

　これには心底驚き、また感動した。とにかく夢中になって採集し、結局、五新属六新種ものハネカクシをまとめて採集することができた。人跡未踏の深海調査にでも出かけたのならともかく、多くの昆虫研究者が調査した熱帯の森での話である。

　日本の身近な森で好蟻性昆虫の新種を見つけたとき、その森の風景がまったく違って見えた。このときも、この森の地下にモトサスライアリの行列があり、見たこともないハネカクシが歩いている様子を想像し、静かな森の風景の見え方が変わった。視点（探り方）を変えれば、まったく新しい虫の世界が現れるのだ。

「明日で終わりか。疲れたなぁ」

「当たり前やないですか。丸山さん、見てはると二十四時間採集してるやないですか」

　いっせいにそう指摘されるまで、ほとんど寝ていないことをすっかり忘れていたほどだ。

今思い出すと、この強烈な体験が現在まで私を海外調査通いに駆り立てている。すでに調査済みのアリでもこの成果である。このままアリの巣の調査を丹念に続けていれば、同じようにすごい発見が続くようになるのではないかと思った。日本でもまだ新しい発見はあるだろうが、発見の頻度も見つかる虫のすごさも全然違う。つまり興奮度が違うのだ。そしてその後、このウル＝ゴンバッだけで二十回以上も足を運ぶことになった。

## ヒゲブトオサムシの新種発見

大学院の博士課程修了後は、国立科学博物館でポスドクという身分で研究していた。ポスドクとは、普通は博士の学位を取ってもすぐには研究職（昆虫研究の場合、大学教員や学芸員）として就職できないので、その後、就職まで、国なり大学なりから給料をもらって研究する立場である。この間もよくマレーシアに通った。

あるとき、ロスリーさんとの共同研究の関係で、マレーシアのエンダウ＝ロンピンという国立公園で特別に調査させてもらったときのことは強く印象に残っている。

蛾の研究者で現在国立科学博物館に勤める神保宇嗣君と、カメムシの研究者で現在徳島県立博物館にいる山田量崇君と出かけた。

ここにカメルーンのところで述べた衝突板を仕掛けたのだが、その成果が素晴らしかった。

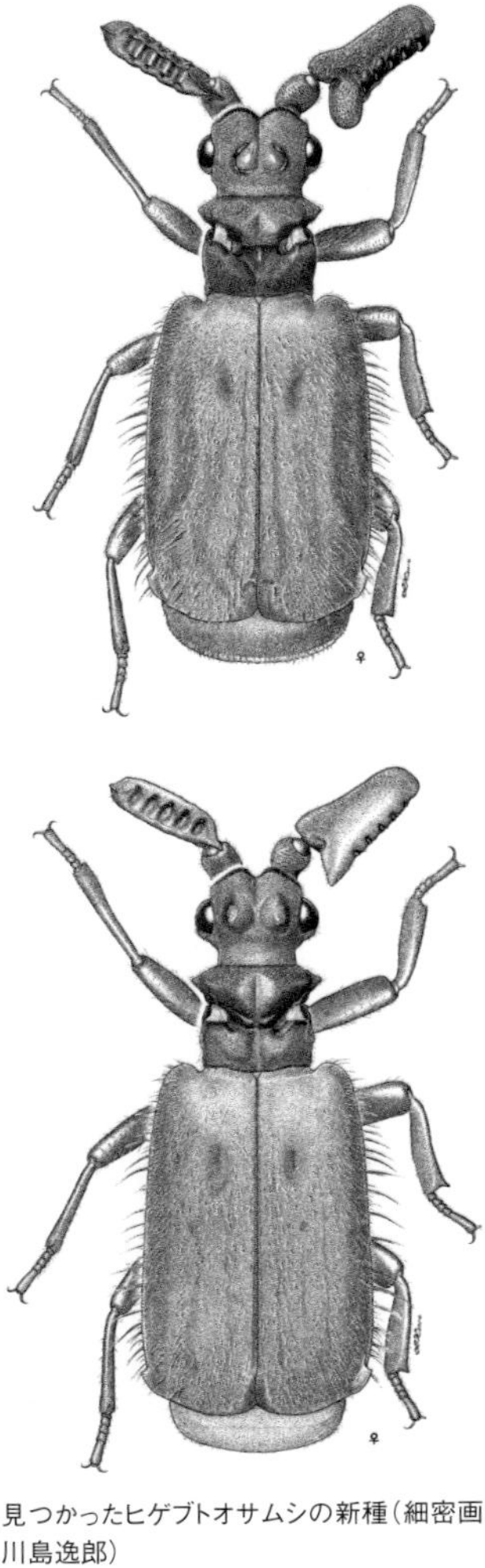
見つかったヒゲブトオサムシの新種（細密画：川島逸郎）

私が好きなヒゲブトオサムシ族[*95]の新種が六種も一気に見つかったのである。

もともとヒゲブトオサムシ自体が珍しく、アリの巣を探しても容易には見つからない。密林の中でたくさんの衝突板を仕掛けるのは大変だったが、あとにもさきにもこれほど採れたことはなかった。

これまで嬉しい新種発見はいくつもあったが、ヒゲブトオサムシはアリ型のハネカクシと並び、とにかくいちばん好きな虫のなかまである。触角からアリの好む物質を出して、アリの巣に受け入れられていると言われている。名前のとおり、その触角が太く、それがとても素晴らしい造形なのである。アリと共生する進化のために生まれた姿であり、アリが作り出した彫刻とも言うべきものなのだ。

このなかまは採集するのが困難なのだが、新種もとても多い。最近私は、このなかまを十九新種まとめて発表したのだが、その研究の足がかりとなったのがエンダウ＝ロンピンでの調査であり、今でももっとも印象的な成果である。

## 熱帯に熱帯夜はない

私の本当の専門は、最初に述べたように、好蟻性のハネカクシであり、長らくそればかりを専門に研究してきた。

キストナーさんの過去の論文を見て、ヒメサスライアリ属[*96]のアリと共生するアリ型種をいつか自分で採集したいと思っていた。ヒメサスライアリ属はサスライアリ属に近縁で、他のアリを専門に襲う習性を持つ。アフリカにも少数が生息するが、アジアで繁栄していて、種数が多く、まだハネカクシが見つかっていないヒメサスライアリの種からは、新種が見つかる可能性が期待できた。

しかし、ヒメサスライアリのなかまは、それ自体が珍しく、共生者がいる引っ越しともなると、なかなか見つからない。これまでの調査では、長くても二週間で、それでは調査期間が短

ヒメサスライアリの一種の引っ越し（ST）

すぎるのではないかと思っていた。そこで、調査期間を一ヶ月に延ばし、二〇〇七年の四月に決行することとした。

当時、私は国立科学博物館でのポスドクを終え、シカゴのフィールド自然史博物館というところに国費留学していた。その研究の過程で、ヒメサスライアリと共生するハネカクシがどうしても必要になったということもある。

ヒメサスライアリも定住性はなく、神出鬼没である。まずは見つけやすいよう、ウル＝ゴンバッに着いてからは、遊歩道の落ち葉をすべて掃いてどけることにした。

「熱帯に熱帯夜はない」（私談）というように、熱帯の森の中は夜は涼しい。しかし、昼間は熱帯の名にふさわしく非常に暑い。その中でせっせと二日間かけて落ち葉を掃くだけで相当骨が折れた。

ヒメサスライアリはこれまで紹介したグンタイアリやサスライアリよりも圧倒的に小さく、小さいものは二ミリメートル弱、大きくても五ミリメートル以下である。しかも種によっては、落ち葉の下を行進するものがいる。そのため、落ち葉をどけないと見つけられないものもいるのである。
そうやって調査が始まった。

## 陰部のマダニ研究

昼前に起きて、昼過ぎと夕方に遊歩道を歩きまわり、ヒメサスライアリを探す日々が続いた。ムシムシと暑い森の中、汗をポタポタと垂らしながら、地面を探るように歩きまわり、ヒメサスライアリの影を探した。

そして、運良く引っ越しを見つけると、その横に座り、通過するハネカクシを採集する。苦労が報われるときだ。ただ、長いときには、引っ越しは八時間以上にわたり、昼過ぎから深夜まで飲まず食わずで行列を観察することも少なくなかった。

また、ヒメサスライアリは繊細で、ようやく引っ越しを見つけても雨で中断したり、私が下手に刺激してしまったことによって引っ越しが中断してしまうこともあり、何度もやきもきさせられた。ヒメサスライアリはとくに吐息が嫌いなようで、行列を間近に見ながら、息をとめたり、別のところに吐き出す慎重さが問われた。

いちばん嬉しかったのは、ちょうど誕生日の日に引っ越しを見つけ、キストナーさんが過去に発表した新属新種の中でいちばんかっこいいヴェイスフロギア＝ロパロガステル[*97]というハネ

ヒメサスライアリの行列にいたハネカクシ(ヴェイスフロギア＝ロパロガステル)

カクシを採集したときである。これさえ押さえておけばというものでもあった。一人ジャングルの中で快哉を叫んだ。

さらに、アリが運ぶ幼虫を観察していると、何か幼虫と雰囲気の違うものが交じっている。キリタンポノミバエというヒメサスライアリの幼虫に擬態したハエである。成虫なのにアリの幼虫と同じような姿をしている。その十年前に初めて発見されたときには「究極の詐欺師」という題で、有名な科学雑誌『ネイチャー』に発表されたほどである。このキリタンポノミバエはその後、別の新種[*98]とわかり、ノミバエの世界的大家であるイギリスのヘンリー＝ディズニーさんと一緒に発表した。

ところで、地面に座っていると、よくマダニに取り付かれた。マダニは一度皮膚に取り付くと、数週間血を吸い続けるのだが、ここのマダニに取り付かれるとかなり痛く、現地の人もとても嫌っている。世界各地でマダニに取り付かれているが、痛くないのが普通なので、これは変わっていると思った。休憩時間に暇をもてあましていた私は、取り付かれてから腫れて痛む様子を克明に記録し、標本も採集していた。陰部に取り付かれることも多いのだが、それも取り付かれたままにして記録し、撮影もした。

しかしとにかく痛かった。陰部のダニに触れると激しい痛みに涙がこぼれた。クワガタに寄生するダニに「クワガタナカセ」というものがいるが、私はこのダニに「オトコナカセ」とあだ名したほどだ。

アメリカに戻ってから、ちょうどマダニを研究していた現在兵庫県立 人と自然の博物館に勤める山内健生君に標本と記録、そして写真を送ったところ、彼とその共同研究者がマダニの遺伝子まで詳しく調べてくれて、その後、一つの論文として記録を出すことができた。自分の陰部に付いたダニの

ヒメサスライアリの幼虫に擬態するキリタンポノミバエ（中央）

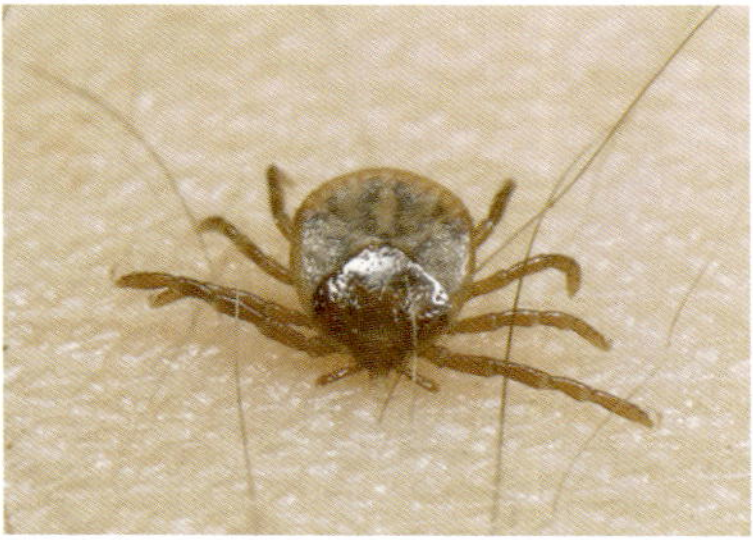

筆者を刺しているマダニ（これは陰部ではない）

写真が発表されるのは恥ずかしかったが、成果としては嬉しかった。研究者たる者、転んでもタダで起きてはならない。

## マンマル狩り

夕方までにヒメサスライアリが見つからず、早めに施設に戻るときには、マンマルコガネを探しに出かけるのが楽しみの一つだった。前にも紹介したが、マンマルコガネとは、ダンゴムシのように丸くなるコガネムシで、マレーシアではシロアリの古い巣を住みかとしているものが多い。

ウル＝ゴンバッの森には、シロアリの古い巣がたくさんあり、夜になるとその周辺にペタペタとマンマルコガネがはりついているのである。これをイチゴ狩りのように採集するのがとても楽しかった。いろんな種がいて、種によって違う環境にいるのも面白かったが、何より面白いのはコロリと丸まるマンマルコガネのかわいらしさである。宿舎に戻って観察し、撮影するのも楽しかった。

シロアリの巣がある木は高い立ち枯れのこともあり、毎晩、重い鉄の梯子《はしご》を抱えて山に入った。ある晩、森の中で方向がわからなくなって梯子を背負ったまま森の中で迷ったこともあり、そのときは三十分かかってようやく道に出てグッタリしてしまった。

これらマンマルコガネは、アメリカに戻って標本にしたところ、なんと五新種を含む十九種も含まれていることがわかった。そして、イタリア人の専門家であるアルベルト＝バレリオさんのところに送り、共著の論文として発表した。マンマルコガネは世界中の熱帯に生息するが、一ヶ所での世界最多の記録となった。

ところで、これまで「新種」とか、「新属」とか、「何十年ぶり」とか、「世界初」とか、いろいろすごい言葉が出てくるが、「昆虫だったらそんなの当たり前で、大したことないのでは

マンマルコガネの一種

ある晩採れたマンマルコガネ

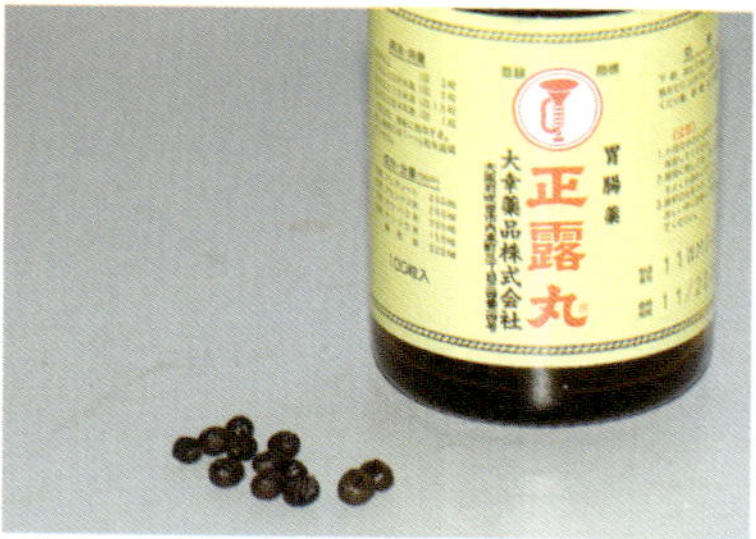

マンマルコガネが丸まると丸薬のよう

大型美麗のルリタマムシ類であるオオハビロタマムシ（上）とヒメハビロタマムシ（下）

ないか」と思う人もいるかもしれない。しかしそんなことはない。

　たしかに小さい虫なので、鳥や哺乳類よりはずっと発見が多いかもしれない。しかし、昆虫だからといってこれほどの発見の連続はそうそうない。前に述べたように、人のやっていないことを見つけ、それをコツコツとやったことの成果である。もちろん同行者の助けや私自身の運の良さもあるが、どれもそれなりにすごいことだと自負している。

　ところで、熱帯といえば、大型でキラキラした昆虫を想像するが、東南アジアでは案外見つけにくい。東南アジアの多くの地域には、そういう虫を採集して売り、それで生計を立てている人たちがいるが、そのような人たちは高い木に登ったり、特定の虫が集まる木を知っていたりするので、採集することができる。日本人がフラーッと出かけて採集できる大型美麗種は限られる。

しかし、このウル＝ゴンバッでは、炎天下に大型のルリタマムシ類[*99]がよく飛んでおり、暗い森から出てそれを採集するのも楽しみだった。緑色の金属光沢が美しいが、ツヤツヤした葉の上にとまると、まったく目立たないというのも、新たな発見だった。

結局、この一ヶ月の滞在は、新属新種を含む十分なヒメサスライアリと共生する好蟻性ハネカクシも採れたし、その他の副産物も多く、実りの多いものとなった。

ただ、あまりにも頑張りすぎたせいで、一ヶ月の間に十キログラムも痩せてしまい、途中でズボンがずり落ち、ベルトに穴をあけてもブカブカとなってしまった。

また、一ヶ月間ほとんど誰ともしゃべらなかったので、アメリカ帰国後にしばらくは会話が覚束《おぼつか》なかった。この世の中で誰ともしゃべらないというのは、それはそれで幸せなことで、カエルや虫の声だけを聞く夜も最高に楽しかった。もちろん、これ以上いたら頭がヘンになりそうだっ

渓流で鳴くヒキガエルの一種（KT）

美しい声で鳴くヒラタツユムシの一種（KT）

たが。

## ウル＝ゴンバッ通いは続く

二〇〇八年の一月に現在の職場である九州大学総合研究博物館に就職が決まって、日本に帰国してからもウル＝ゴンバッ通いは続いた。そして、たっくんや奇人にもたまに同行してもらったりして、かなりの種数のヒメサスライアリを調査し、それと共生するハネカクシの主要なものは押さえることができた。

教え子の学生と一緒に行くウル＝ゴンバッも楽しいものだった。卒論を指導していた学生たちに本格的な熱帯の調査を見せてあげたいという気持ちもあり、何度か連れて行くこともできた。

また、二〇一〇年の春からは、修士課程一年の金尾太輔君（現京都大学ポスドク）という学生を受け持つことになり、彼にはシロアリと共生するハネカクシ（好白蟻性《こうはくぎせい》ハネカクシ）を研究してもらうことになった。

四月に彼が入学してきてから、まずは私が過去に採集した好白蟻性ハネカクシの新種記載の論文を書いてもらったりした後、さっそく調査に一緒に出かけた。

「来月から一ヶ月マレーシアに行ってみよう」

最初の十日間、採集の方法を教え、私が帰ったあとの三十日間は金尾君一人で滞在してもらった。自分で試行錯誤するというのは良かったようで、私が採ったことのなかったアシナガシロアリ[*100]のかっこいいハネカクシ[*101]をはじめ、大成果をあげて帰ってきた。早くも私の跡継ぎができたようで、それも嬉しかった。ただ、彼が後述するところによると、「いきなり最初からマレーシアに一ヶ月行けとはめちゃくちゃだ」と思ったそうだが。

アシナガシロアリの行列を歩くかっこいいハネカクシ（KT）

ウル＝ゴンバッは、大人が数人でも抱えきれないほどの高木が多く、素晴らしい森である。ただし原生林ではなく、古い二次林だという。周囲は道路に囲まれ、決して立地はよくないが、道路を越えると延々と同じような森が続いている。常にそれら深い森との間で生物の往来があるのだろう。適度に攪乱《かくらん》されているせいで、全体に虫が採りやすく、これまでボルネオ島、スマトラ島、ジャワ島、タイ南部など、アジア各地の熱帯雨林をまわってきたが、結局はここがいちばん楽しい場所となっている。今でも行くたびに新種や新属が採れる。宿泊施設から歩いて数分の範囲で、である。

熱帯における昆虫調査のいちばんの魅力は、いつ何が採れるかわからないことや、あっと驚くようなものが行き慣れた場所で採れてしまう「底知れなさ」であるが、ここウル＝ゴンバッはいつも私にその驚きを与えてくれる。

## 熱帯雨林伐採の矛盾

ところで現在、アジアの熱帯雨林の伐採がものすごい早さで進んでいる。ウル＝ゴンバッは州立公園なので安泰だが、近くまで伐採の手が及ぶのはそう遠くないはずである。そうなると今のように虫は採れなくなるだろう。

伐採の理由は、アブラヤシ農園の造林のためである。アブラヤシから採れる油は、食用、洗剤等、今や世界の植物油の主原料となっている。そのためアブラヤシは、貧しい国において、手っ取り早く現金収入を得るために、現在もっとも「流行」の作物となっているのである。

マレー半島でも、場所によっては、昨年まで森だった場所が、どんどんとアブラヤシの畑に変わっている。木が伐採され、火をつけられ、その火がまだくすぶっている状態で、どんどんアブラヤシの苗が植えられているところである。その横に「マレーバク飛び出し注意」の交通標識があるのだから笑えない。そんなところに原生林を好むマレーバクが生息できるはずもな

森林が伐採され、アブラヤシが植えられた光景（KT）

いからだ。

日本もアブラヤシの油の輸入大国であり、実は私たちは自分の手を汚さずにアジアの熱帯雨林を破壊しているのだ。いったいどうすればいいのか、昨年まで深い森だった伐採地を見るたびに、深く考えさせられる。

今の自分にできることは、東南アジア各地をめぐり、できるだけ多くの虫を採集し、標本を残すことである。ただ、それも今や簡単ではなくて、世界的な傾向だが、だんだんと採集の規制が厳しくなっている。

それには理由があって、熱帯雨林を抱えるような国々は、過去に欧米の先進国に「遺伝資源」を奪われてきたからである。

遺伝資源とは、簡単にいえば、人間の生活に役立つ可能性がある、遺伝子を持つあらゆる生物で

ウル＝ゴンバッの森に沈む夕日（KT）

ある。具体的な事例を挙げると、過去にさまざまな薬草が先進国に持ち出され、いろいろな特効薬が開発され、そこで莫大な利益を生んだのだが、その利益が原産国にほとんど還元されてこなかった。したがって、そのように役立つ可能性のある生物の輸出自体を規制している国がとても多くなっているのである。

森の過剰な伐採で生物の生息地を奪いつつ、その採集や持ち出しは禁じざるを得ない。豊富な生物資源を抱える多くの国々では、そのような矛盾を抱えている。

# 第7章 研究者もいろいろ

――ミャンマー 2016年9月

## ミャンマーで調査する意義

ミャンマーはいつか行きたいと思っていた。というのも、インドとともに長らくイギリスに支配されていた時代、とても魅力的な好蟻性ハネカクシがたくさん発表されていたからである。またインドには、アフリカの昆虫と近く、東南アジアには生息していない独特な昆虫が多いが、政府の方針として採集許可を取ることは不可能とされており、インドに隣接するミャンマーでそれら独特な虫の近縁種を採集したいと思っていた。

二〇一六年の春、国立科学博物館でのポスドク時代にお世話になった同館研究員の野村周平さんを通じて、ミャンマー調査のお話をいただいた。同じく国立科学博物館に勤務され、ミャンマー調査の達人である田中伸幸さんが主体となって申請する国際共同調査で、希望次第で年に数回の調査に参加できるそうだ。絶好の機会だと思い、一も二もなく飛び付いた。

そしてその秋、なんといちばん行きたかったインド国境のサガイン州周辺で調査をするということを聞き、その参加に手を挙げさせていただいた。アジアでいちばん良いのは五〜六月で、時期的には良くないが、一度でいいからその場所に行ってみたいという気持ちが先に立った。

## 植物研究者の荷物は膨大

今回は、田中さんと琉球大学准教授の内貴章世さんに同行させていただくこととなった。田中さんはミャンマー調査に足しげく通われているし、内貴さんも何度かのミャンマー調査経験をお持ちだ。お二人とも植物分類学の研究者である。

ミャンマーの旧首都ヤンゴンに着いてすぐ、空港で両替をしたのだが、さっそく驚くことがあった。それは受け取った札束の厚さである。通貨はチャットなのだが、最高紙幣が一万チャットで、それが日本円の千円弱の価値しかない。そして一万チャットは滅多に使わないので、他の紙幣を中心に渡され、十万円程度の両替で小さなビニール袋一杯の札束となってしまったのである。

両替した札束（約20万円分）

その日はヤンゴンで国内線に乗り換え、マンダレー[*102]という大きな町に宿泊した。そこで、今回お世話になるムーさんをはじめとするミャンマー森林局の研究者数名と、二名のアメリカ人植物研究者と合流した。ムーさんは植物分類学を研究課題として日本で博士の学位を取り、そのときの指導教官が田中さんだったという。また、キマミンさんという昆虫担当の研究者も来てくださっていた。

翌早朝、マンダレーの空港から、こんどは小さな飛行機でカムティ[*103]という町へ飛ぶ。植物研究者一行は、とにかく荷物の量がすごくて驚いた。昆虫ならスーツケース一個で済むことが多いが、植物標本の乾燥機からその標本を持ち帰る箱など、昆虫調査の十倍以上の荷物量である。たしかに植物の標本は昆虫より大きいが、研究対象による荷物の違いを初めて見て、とても新鮮だった。もちろん、かなりの超過料金を取られたようだ。

カムティはとても小さな町で、数軒の商店や小さな市場がある通りが町の中心部だった。その晩はそこにある粗末なホテルに宿泊した。この時期は雨が多いとは聞いていたが、町は半ば水没し、道路が川のようになっていた。ホテルに冷房など望むべくもなく、しとしとと雨が降る中、夜には電気が消えるため、扇風機さえ動かない蒸し暑い夜を過ごした。

## とにかく長旅

翌朝はカムティからタマンティ[*104]の町へ移動である。飛行機ではなく、こんどは船で、チンドウィン川という川を下るという。カムティの町から車で船着き場へ行くと、果たしてそこには二十メートルほどの細長い船が待っていた。貨物船と旅客船を兼ねたものである。

土砂降りの中、やっとの思いで船に乗り込むと、足元にはタマネギやマメなどの野菜がぎっしりと詰め込まれていて、それを踏みながら指定席へと向かう。本来は廊下である船底の板を取りはらって、貨物置き場にしたようだ。座ってみると、穴のあいた椅子のスポンジから水が染み出てきたり、破れた屋根から冷たい雨が直接したたり落ちてくる。聞いてみると、このまま七時間の船旅だという。これはつらい。寒くて風邪をひきそうだ。

そんなとき、ムーさんが「特等席があるからおいで」と日本人三人を呼んでくれた。行ってみると、なんと操縦席である。絨毯が敷いてあって、景色も良いし、とても快適だ。他の方々には申しわけない気持ちになったが、お気遣いを享受することとした。

途中、あちこちの船着き場で人や荷物の積み下ろしがあり、なかなか前へと進まない。しかし、それらの村々の様子を見ることができたのは面白かった。おそらく一個二十キログラム以上はあるであろうマメの袋を二つも悠々と抱えて運ぶ船員の若者たちにも感心した。

昼過ぎにタマンティの町に到着。こんどはこちらの自然保護局の方々が出迎えてくださった。みなさんとても親切で、私たちを心から歓迎してくださっている。また、英語が堪

タマンティへと向かう船

途中の荷下ろしの様子

タマンティでの食事風景

美味しいミャンマー料理

タマンティのアイドル、アレンちゃん

能で、女優の加藤あいさんに似たアレンちゃんという親切な女の子もいて、一気に旅の疲れが吹き飛んだ。

タマンティはサガイン州にある中規模の町で、今回の調査の拠点となるところである。三日かかってようやく拠点に到着である。

ミャンマーには三週間も滞在したが、その間で本格的な調査ができたのは、わずかに一週間である。これにはこういった長時間の移動も関係している。

## レンジャーはすごい

翌朝、宿泊していた自然保護局の庭がなにやら騒がしい。見てみると、マレーグマの赤ちゃんである。母親ともども密猟に遭い、母親は食肉として、赤ちゃんは生きたまま売られていたという。大きくなって山に放すまで、自然保護局の方が自宅で保護するそうだ。

マレーグマは世界でいちばん温和なクマと言われており、昔から好きな哺乳類だった。世界的に減少していて、いつか野生で見たいと思っている。こんな形とはいえ、赤ちゃんを見られるとは運が良かった。それにしても愛らしく、一時間近く遊んでしまった。

ぬいぐるみのようなマレーグマの赤ちゃん

昼前にキャンプ地となる自然保護区へ船で移動ということになった。船着き場へ行くと、小さな船が六艘くらいあり、これに六時間も乗るという。一瞬、気が遠くなったが、それはそれで楽しそうだと気を取り直した。

ここでちょっとした問題が起きた。森林局や自然保護局のみなさんが緻密に計画を練ったうえ、十五名のレンジャーや世話役、料理係を連れて行くことになったのだが、アメリカ人研究者の一

川の中州で捕まえた大きく美しいハンミョウ

キャンプ地へと向かう小船にて
手前がキマミンさん

人が「そんなにいらない」と大反対し、一時間ほどもめた末、大幅に人員削減をすることになってしまったのだった。

もちろん私たち日本勢は「郷に入っては郷に従え」で、せっかく決めてくださった計画に従うつもりだった。何より残念だったのは、親切なアレンちゃんも船着き場に残されてしまったことである。

雨の中ビニールシートをかぶって進むが、途中で天気が回復し、中州でトイレ休憩をしたり、お弁当を食べたり、楽しい小船の旅が続いた。

中州のトイレ休憩では、とても大きくて美しいハンミョウ[*105]を捕まえた。典型的なインドとの共通種で、インド国境近くにいるのだと胸が高鳴る。

細い支流に入り、ものすごい僻地《へきち》に入っても、途中途中に村があった。聞くところによると金の採掘をしているそうで、今回のキャンプ地も金鉱として一度拓かれたところだそうだ。そして夕方近くに目的の自然保護区のキャンプ地に到着となった。

到着してみると、先に着いたレンジャーたちが、即席の小屋を建てているところだった。高床の小屋を造り、そこに各自テントを張るということである。即席とはいえ、立派な出来栄えで、そのまま住みたいほどだ。また、トイレや台所、食堂も造っている。レンジャーたちは二十代から五十代までさまざまな年齢層だが、みなさん精悍で、見事な筋肉美である。するすると木の柱に登ってビニールシートを張ったり、鉈《なた》と竹の紐を使ってあっという間にいろいろな「施設」を造り上げた。

レンジャーが小屋を建設し、屋根にビニールシートを張っているところ

手伝いながら一人の若者の手に触れると、まるで私の足のかかとのような皮膚の厚さだった。長時間鉈を振ったり、手にマメも作らずにすいすいと木に登れるのは、筋肉だけではなく、こういう鍛えられた皮膚の頑丈さにも秘密があった。作業の様子を眺めながら、自分には逆立ちしてもできないと思いつつ、私たち日本人の多くには、生物たるヒトとしての能力が失われていることを痛感した。

船で森をめぐる

## 短いようで長い調査

ミャンマー到着五日目の翌日から、ようやく調査開始である。まずは衝突板をあちこちに仕掛ける。昆虫担当のキマミンさんの他、レンジャーのチョージントゥエ君が主に手伝ってくれた。

チョージントゥエ君はさわやかな好青年で、キマミンさんによる英語からミャンマー語の通訳で、昆虫のいろいろなことを教えてあげると、「私の先生！」ととても喜んでくれた。

それから船を使ったり、森の中を歩いたりして、虫を探す日々が続いた。主目的はツノゼミで、その他の好蟻性昆虫も探索する。わかってはいたが、虫はとても少ない。

調査開始五日目、タマンティへ戻る二日前、ようやくヒメサスライアリの引っ越しに出会った。ビンガムヒメサスライアリ[*106]といういちばん見つけたかったもので、とても嬉しい。夜遅くまで行列を観察し、アリ型の二種を含む三新種のハネカクシを採集することができた。タイですでに記録のある属であるが、ミャンマーの西部にもいる

ビンガムヒメサスライアリの女王（左上）とたくさん採れた新種のハネカクシ（下段のまとまりごとに別種）

ヒゲブトオサムシの新種

新種のアリ型のハネカクシ（左）

ショウガの新種の花

ビンガムヒメサスライアリの行列を観察

ことがわかったのは収穫だった。

また、最終日前日、衝突板を回収したとき、私の大好きなヒゲブトオサムシ属[*107]の種が一頭捕獲できていたのは嬉しかった。しかも明らかな新種である。

主目的のツノゼミは今一つだった。おそらく森が良すぎるせいなのだろう。

いっぽうの植物組は、毎日大量の植物標本を採集し、田中さんのご専門であるショウガの新種も発見されていた。美しい花のショウガで、こういう新種もあるのかと驚いた。

キャンプ生活は楽しく、何もかも新鮮で、短いようで長い調査だった。お風呂は川につかるのだが、満天の星に照らされ、全裸になってひんやりとした川で泳ぐのは、なんとも言えない解放感と気持ち良さだった。

また滞在中、毎度の食事も楽しみだった。料理係のお姉さんたちが毎食、心をこめて作ってくれ、お昼には弁当も持たせてくれた。基本的に何かしらカレーが入っていて、香辛料が利いている。辛すぎず、日本人にも美味しいものばかりだった。

アメリカ人の一人がベジタリアンで、お姉さんたちもそれには苦労していたようだった。

「ふん、こんなの辛くて食べられないわ」

せっかく野菜だけで作ってくれたのにお礼も言わずに放棄したことがあり、そのときには私も思わず声を荒らげそうになりながらも冷静に注意した。

「君のために作ったというのがわからないのか?」

これまでの旅で、アジア人というだけで見下されるという場面には何度も遭ってきた。許すべきことではないが、そういう相手には何を言っても無駄という思いもある。

## タナカという化粧

タマンティの町に戻って、それから数日間、町の周辺で調査をすることになった。植物組が採集した標本を、自然保護局で乾燥させる必要があるからである。採集した植物は新聞紙に挟んで持ち帰る。しかし、そのままでは腐ってしまうので、新聞を束ねた状態で、コンロで遠火にかけ、数日かけて乾かすのである。

幸い、タマンティの町の周辺では、いくつかのツノゼミを見つけることができた。やはりツノゼミは町のほうが採りやすい。また、どれもタイなどでは見たことのないもので、帰国後に調べると、インド産種に近縁種が見つかった。

自然保護局の周囲にはウシが歩いていて、夜にはその糞に集まるナンバンダイコクコガネと

タマンティの街中で見つかったツノゼミ

タナカを塗る子供たち

いう巨大な糞虫が、部屋の明かりに飛んできたりもした。

　また、タマンティの町の探索も面白かった。女の人や子供たちは、「タナカ」という木を石でこすって粉にしたものを顔に塗っているのだが、そうしたものもあちこちで売っている。ちょうど白粉《おしろい》のようなもので、肌にいいそうだ。アレンちゃんのように化粧代わりに模様を付けて顔に塗っている若い女の人も多く、子供たちが塗っているのはかわいらしいものだった。

## ミャンマーはいいぞ

　三日間ほどタマンティに滞在したあと、また船に乗り、こんどはチンドウィン川をカムティとは逆へ下り、ホマリン[*108]という町を目指す。タマンティの人たちともお別れだ。

　船は行商のおばさんたちで一杯で、がやがやと賑やかな中、日本人三人とムーさん、キマミンさんで、風景を眺めながら気持ち良くウトウトと過ごした。

六時間ほどでホマリンに到着。ここはかなり大きな町で、大きめのビルもあり、なかなか見ごたえがあった。私が海外に行っていつも気になるのは市場なのだが、そこもじっくりと見せてもらえた。田中さんや内貴さんが売られている植物の名前を詳しく教えてくれて、とてもためになった。また、私が好きな淡水魚もいろいろと売っていて眼福だった。

翌朝、マンダレーへ飛ぶ。ホマリンの空港はただの小屋で、チケットも手書きの番号が付いた簡単なものだった。空港の玄関には魚（ライギョの干物やコイ科の鮮魚）も売っていて、誰が買うのか不思議だ。

そして、マンダレーからは車でネピド[*109]へ移動である。ネピドは、ちょうど茨城県つくば市のような官公庁のある町で、そこに森林局もある。ここでさらに標本整理などの作業を行うことになった。

同船した行商のおばさんたち

ホマリンの空港の魚売り

巨大な塚と心やさしいキマミンさん

森林局はちょっとした二次林の中にあり、虫も採れそうだ。私はさっそく、キマミンさんと一緒に採集に出かけた。

注目すべきはシロアリの塚で、身長を超えるようなものもたくさんある。昔、この近くでシロアリコガネ族の一種が採れたという古い記録があり、それに期待し、いくつかの塚をくずしたが、結局見つからなかった。いつか、チャボを送り込んで採ってもらうことにしたい。

また、ツノゼミは期待通りに多く、タマンティ以上にいろいろなものが採れた。あれだけの日数をかけて僻地に行ったのに……。呆気ないが、そういうものである。

こうやって三週間の旅は終わったが、いちばん印象に残ったのは、ミャンマーの人々の素晴らしさである。本当に心やさしく、親切で、素朴で、私は今回の滞在で、すっかりミャンマーが好きになってしまった。いつか良い時期に再訪し、思い切り採集してみたいものだ。

あまり波風のない旅行ではあったが、田中さんと現地の方々との綿密な計画によるもので、本書的にはアレだが、とてもありがたいことである。

# 第8章　いざサバンナへ
## ——ケニア　2016年5月

## アフリカの東側へ

前に訪れたカメルーンはアフリカの西側にあり、森に囲まれた地域にある。いっぽう、ケニアは東側にあり、地図で見ても、荒涼とした地域が続く。いわゆるサバンナを主体とした環境である。カメルーンとも環境が違うし、変わったツノゼミや好蟻性昆虫の記録もあり、一度行ってみるべき国だった。

二見恭子さん（長崎大学熱帯医学研究所助教）という北海道大学時代の後輩がいて、カ（蚊）の研究で何度もケニアに滞在していた。その関係で、彼女の旧知のケニア人研究者であるラバンを紹介してくれ、彼を共同研究者として、二〇一六年にケニアを訪れることができた。

今回は、奇人に加え、同じく北海道大学の後輩である松村洋子さん（現ドイツ・キール大学ポスドク）、そして教え子の金尾太輔君の四人で行くことになった。

ケニアは調査許可体制が非常に良くできており、今回は松村さんが主体となって申請作業を進めてくれた。ケニアの国立博物館に勤めるラバンも協力的で、ぎりぎりではあったが、五月の出発に無事に間に合わせることができた。

今回は二ヶ所を訪れることにした。一ヶ所目はカカメガ[*110]という場所で、ケニアには数少ない熱帯雨林のある地域である。二ヶ所目はマリガット[*111]という地域で、半サバンナのある地域だ。

松村さんはジュズヒゲムシという微小な昆虫が狙いで、それは湿った森に住む。金尾君はシロアリの塚に住むハネカクシ[*112]が狙いで、それはサバンナのほうが多そうだ。そういうわけで、二つの両極端な環境を訪れることにしたのである。ツノゼミや好蟻性昆虫はどちらにもおり、奇人と私はどちらでも楽しめそうだ。

## 狭いホテルにも警備員が

ナイロビは危険な町で、ただでさえ危ないアフリカでも指折りの危険な都市とされている。深夜にナイロビの空港へ着いた私たちは、ラバンを待つ間、ヒヤヒヤしていた。そんな中、金尾君はのんびりと「煙草を吸ってきます」ととめる間もなく闇夜に消え、数分後にふらっと戻ってきた。

「金尾君、危ないかもしれないから、もうそういうことはやめようね……」

実際、空港はそれほど危なくないようだが、私たち研究者に何かがあれば、周囲に多大な迷惑をかけることになり、わずかな危険の可能性も避ける義務がある。また、どの都市がどれほど危ないか、どのように危ないかをしっかりと認識しておく必要もある。

なかなかラバンが来ないので、空港の売店でシムカードを買い、私と松村さんの電話に入れ、さっそくラバンに電話してみると、案の定、私たちを見つけられずに迷っているという。こういうときに電話がかけられるというのは、少々大げさだが、命につながることである。スマホやネットの発達は本当にありがたい。

無事に合流後、市内のホテルに向かう。ホテルは小さなところだが、入り口が二重となっており、警備員が複数いて、治安の悪さを物語っていた。さらに、食堂のある階にも、狭いホテルにもかかわらず警備員が常駐しており、強盗対策を徹底している様子だった。

その晩は食堂でビールをいただき、四人部屋で今後の計画を練りつつ、語り合った。

## サファリパークの「本物」

翌朝は調査の準備ということで、ラバンと一緒に市内をめぐる。また、松村さんが受け忘れた黄熱病の予防接種のために病院に行ったりもした。

なお、海外調査によく訪れる関係で、しばしば予防接種について訊かれるのだが、受けられるものは一通り受けている。南米やアフリカで黄熱病は必須だし、狂犬病、破傷風、日本脳炎、A型肝炎、B型肝炎、麻疹・風疹混合（これは空港で感染しないため）などが代表的なもので、あとはアフリカや南米の奥地であれば、マラリアの予防薬（予防接種はない）を毎日飲むことになる。予防接種のないもの、受けてもあまり効果がないものもあり、行き先での流行事情を含め、事前によく勉強しておくのが大切である。とにかく虫刺されには気をつける。

翌日、カカメガへ向かう。今回は四人であるため、大きなバンを借りての出発となった。運転手のケンは陽気で、「前に座ってみんなで話そうぜ」と言ってくるので、仕方なく前に座るが、移動と時差ボケで疲れきっている私たちは、すぐに後ろの席に戻って眠ってしまった。道中、外を見ると、サバンナが広がっていて、シマウマやダチョウがたくさんいるではないか。ときおり、サバンナヒヒやトムソンガゼルなども見ることができ、まるでサファリパークの中を走っているような気分になったが、考えてみればサファリパークがサバンナをまねただけで、私たちは「本物」の中にいるのである。

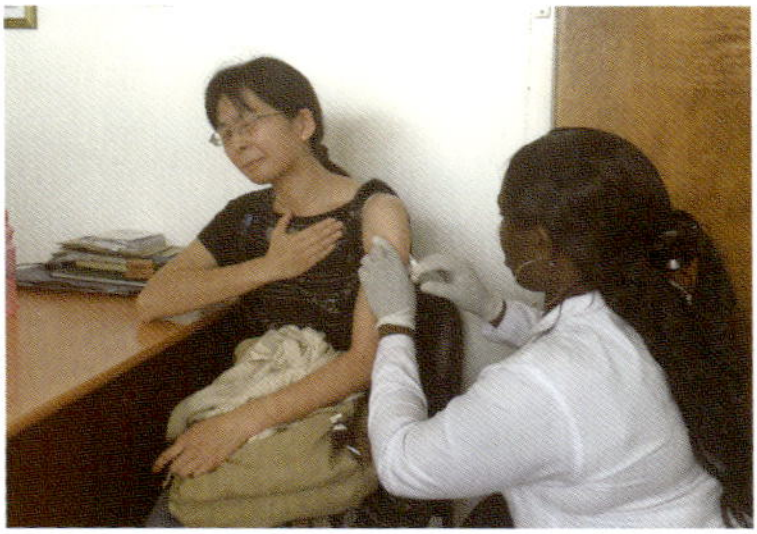
黄熱病の予防接種を受ける松村さん

また、車に差し込む日差しがとにかくきつい。周囲はずっと草原で、遮るものがないのと、日差し自体が本当に強いのだろう。

途中で休憩を取りつつ、その日の夜にカカメガの宿泊所に到着した。簡素な平屋建てのホテルで、料理人と雑用係を雇って、調理などをお願いすることになった。

夜、ホテルの明かりに、巨大なアフリカオオウスバカミキリ[*113]（コンフィニスウスバカミキリ）が飛来したり、部屋に大きな糞虫が飛んできたりして、この先の調査の楽しさを期待させた。

宿に飛来したアフリカオオウスバカミキリの雌(KT)

ツノゼミが豊富だったキツネノマゴ科植物

道路沿いでツノゼミを採集する筆者

## 調査初日から大収穫

翌朝事務所に行くと、事前に許可を取っていたが、書類の不備をいろいろと指摘され、昼近くにようやく調査開始となった。森の中を案内してくれる案内人のおじさんを二人付けることにした。

とりあえず森の中に衝突板を仕掛ける。いつものことだ。今回は案内人のおじさんが手伝ってくれるので、設置もあっという間に終わった。

森の中を抜けると、広い放牧地に出た。カカメガは森林保護区だが、それほど良い森ではなく、人の手がかなり加わっていて、保護区の中に畑や放牧地もある。そしてそういう開けたところにツノゼミが多いのは、これまで話してきたとおりである。

放牧地のまわりには、アカントゥス＝プベスケンス[114]というトゲトゲとしたキツネノマゴ科の植物がたくさん生えている。それをよく見ると、たくさんのツノゼミがいるではないか。カネジャクツノゼミ[115]やトガリフタバツノゼミ[116]、コクチョウツノゼミ[117]のなかまなど、とてもかっこい

カネジャクツノゼミの一種（KT）

トガリフタバツノゼミの一種（KT）

コクチョウツノゼミの一種（KT）

いものもいて、興奮する。初日から調査はほとんど成功と言ってよかった。

森の中にはシンジュタテハ[*118]やヒイロタテハ[*119]、シロモンサザナミムラサキ[*120]などが飛び交い、どれも非常に美しいチョウで、感動した。また、暑い日中には色とりどりのチョウが水溜まりから水を吸う場面も見られた。

松村さんはジュズヒゲムシを探していた。ラバンも、ケニアでは記録がなく、見たことがないと言って、一緒に探していた。なお、ジュズヒゲムシとは、わずか数十種でジュズヒゲムシ

真珠のような光沢のシンジュタテハ

赤が鮮烈なヒイロタテハ

涼しげな色あいのシロモンサザナミムラサキ

目という一群を形成し、体長二ミリメートル前後の微小種が多い。湿った朽木の樹皮下に見つかることが多く、朽木をくずしてひたすら探す。

無事、松村さんがジュズヒゲムシを発見。見せてもらうと、三ミリメートルくらいあり、非常に大きい。東南アジアで見るのが二ミリメートル程度のものばかりなので、本当に巨大に見える。二ミリメートルも三ミリメートルも似たようなものだと思うかもしれないが、人間でいえば、百四十センチメートルと二百十センチメートルの身長差のようなものであり、一・五倍違えば全然違うのは虫も同じである。

3mmだけどでかいジュズヒゲムシの一種（KT）

地下にあるシロアリの巣を掘る金尾君

また、金尾君はシロアリの塚を掘っていた。地中に広範囲に広がるものは本当に巨大で、みんなで鍬で掘り進んで、シロアリの菌園を掘り出した。その後、数日かけていくつかの巣を掘り起こしたが、結局、共生者は何も見つからず、残念な結果となってしまった。

## 魅力的なアフリカのツノゼミ

ここでのツノゼミ採集は本当に楽しかった。ツノゼミの種によって好む植物が異なり、先のキツネノマゴ科の植物のほか、ナス科やキク科、コショウ科、マメ科の植物にもそれぞれ違ったツノゼミが付いていた。どれもアジアのものに少し似ているが、見慣れない姿の魅力的なものが多い。

結局、カカメガでは、二十種程度のツノゼミを採集することができた。そもそもケニア全土から十二種のツノゼミしか記録がない。ほとんどがケニア初記録か新種のようだ。

またあるとき、路傍の巨大な石を奇人と起こすと、そこにはナナフシアリ[*121]というアリの巣があり、その中からスジバネヒゲブトオサムシ[*122]という非常に大型で美しいヒゲブトオサムシを採集することもできた。かねてより自分で採りたかったなかまで、飛び上がるほど嬉しかった。

夜は布を張って、森の近くで灯火採集をした。採りたかったツノゼミや好蟻性昆虫はあまり来なかったが、美しいシタバガ[*123]の一種など、魅力的な蛾がたくさん飛来した。ただし、許可の関係で採集はできず、指を咥えて撮影するにとどまった。また、到着数日後に、光源としていたランプを割ってしまい、灯火採集自体ができなくなってしまったのは残念だった。

それからの夜や朝は糞虫を探してホテルのまわりを歩いた。ウシやヤギの糞がたくさん落ちており、いろいろな糞虫を見つけて歩いた。

大喜びしたスジバネヒゲブトオサムシ(KT)

ピンク色の下翅が美しいシタバガの一種

カカメガの村では、農業や牧畜で暮らす人が多いようだが、薪は森の中から取ってくるようで、巨大な丸太を頭に載せた女の人たちを何度も見かけた。興味深いことに、保護区のまわりは国有の茶畑で囲まれており、重機が入って大規模な不法伐採が行われないようになっている。茶畑があればそこで働く人が監視役となる。面白い森林保護の方法である。

人々は気さくで、みんな笑いながら話しかけてきた。カメルーンと違って、カメ

丸太を運ぶ女の人たち

ラを向けても怒られたりするようなこともなく、同じアフリカでもこんなに違うのかと不思議に感じた。

## 四メートル超えのアリ塚

カカメガでの一週間の調査を終え、こんどはマリガットへ向かう。初めてのサバンナでの採集だ。

松村さんは十分なジュズヒゲムシが採れたので満足気だが、金尾君は非常に成果が少なく、さびしそうだ。マリガットに期待したい。

途中、キスム[*124]という大きな町に寄り、灯火採集用の発電機と水銀灯を買ったりして、マリガットに着いたのはその日の夜だった。

乾いた色の町にひときわ背の高いこぎれいなホテルがあった。その名も「スカイビューホテル」[*125]だ。ラバンによると、この地域は多少マラリアが流行しているそうで、全員予防薬を飲んでいるが、蚊に刺されないように細心の注意を払った。マラリアを媒介する蚊であるハマダラカ[*126]のなかまは、夕方や明け方に活発になり、ヒトを刺す。

翌朝、ホテルから車で三十分ほどの半サバンナ地帯へ移動する。見渡す限りのアカシア林で、テレビで見たサバンナの光景そのものである。また、掘り甲斐がありそうなオオキノコシロアリの一種[*127]の巨大な塚もたくさんある。大きなものは四メートルを超えていた。

さっそく、金尾君がそのシロアリの塚を掘る。大きなツルハシと鍬を持ってきていたが、塚は思いのほか固く、鍬では歯が立たない。結局、重い思いをして持ってきたツルハシが役に立った。そして初日に掘った塚からは、コエノキルス゠トゥルバートゥス[*128]というアリノスハナムグリがたくさん出てきた。学校帰りのかわいい子供たちがたくさん見物に訪れ、くずした塚からそのアリノスハナムグリを拾い出しては渡してくれた。一緒に出てきた女王も大きくて立派

巨大なシロアリの塚と筆者（TK）

マリガットのアカシア林

シロアリの女王とアリノスハナムグリ

だった。

　また石を起こすと、アリの巣からヒゲブトオサムシ属の一種が見つかった。これまで標本さえほとんど手に入れていなかったもので、とても嬉しい。

　しかし、アリの巣を探すために石を起こしていくと、圧倒的に多いのは危険なサソリだった。一般に毒の強いサソリは華奢で、ハサミが小さい。アフリカではキョクトウサソリ科[*129]のサソリがその典型

マリガットでシロアリの塚を掘る金尾君

見物する学校帰りの子供たち

危険なサソリ(KT)

ヒゲブトオサムシの一種(TK)

で、そんな危ないサソリばかりであった。

## 憧憬のスカラベ

夜は灯火採集だ。しかし、飛来する虫は、予想していたほどには面白くなく、目的の好蟻性昆虫はほとんど来ない。ただ面白かったのは、少し前の雨季には、このあたりは川が流れていたそうで、たくさんの水生昆虫が飛来したことである。砂漠のようなところで水生昆虫とはとても驚いた。

一見、広いサバンナだが、実は木陰に人家が点在していて、多くの人が住んでいる。灯火採集をすると、どこからともなく多くの人が見物に来て、それにも困った。せっかく飛んできた虫を踏みつけてしまううえ、私たちが幕を見ることができないからである。

虫もあまり来ないし、人も多いし、途中から懐中電灯を持って、サバンナを歩きまわることにするが、これが面白かった。

たくさんの人が集まった灯火採集

ロバの糞を転がすスカラベ

スカラベ（KT）

まず、放牧されているロバの糞にスカラベ[*130]（タマオシコガネ）がたくさん集まっているのである。昔、『ファーブル昆虫記』で読んで、憧れた虫である。これには感動し、しばらく飽きずに糞を転がす様子を観察した。

ただ、ここにも人だかりができ、みんなが懐中電灯で照らすので、スカラベは糞を転がしながら右往左往している。スカラベは星や月の明かりを頼りに糞を転がすので、人工光は方向感覚を狂わせてしまうのだろう。

ここにはロバのほか、ヤギやヒツジなど、たくさんの家畜が放牧されており、夜になるとそれぞれの糞にいろいろな糞虫が来ていた。これらの虫がいないと、きっとこのサバンナは動物の糞で埋まってしまうだろう。

また、ヒヨケムシ[*131]という、クモとサソリの中間のような不気味な虫が、地面を超高速で走っているのを何度も見た。これも初めて見るもので、嬉しかった。

それにしても見物人の多さには参った。もちろん見物したくなるようなことを私たちがしているのが原因なのだが、この場所では二度と夜間の採集はやるまいと心に決めた。

ヒヨケムシ（KT）

## 塚をくずす

金尾君は村で二名の若者を雇って、大々的にオオキノコシロアリの塚をくずすことにした。目的はハネカクシである。

残りの三人は、めいめいに虫を探して歩く。アカシアを丹念に見ていくと、わずかにヒトダマツノゼミ[*132]の一種やアカシアツノゼミのなかま[*133]も見られた。カカメガにいなかったものであり、これも嬉しい。ヒトダマツノゼミは目が大きくてかわいいし、アカシアツノゼミもアカシアの棘のようで面白い。

かわいらしいヒトダマツノゼミの一種（KT）

アカシアを好むアカシアツノゼミの一種（KT）

荒涼としたサバンナは、朝は涼しいが、昼前から急激に暑くなる。事前に町で日焼け止めを大量に買っておいて良かった。また、乾燥しているため、汗をかいても、すぐに蒸発してしまう。

初めての気候に四人ともどう行動すべきか戸惑い、あまり長時間歩きまわると熱射病になりそうな感じだった。午後早々には、金尾君以外の三人は調査をやめて木陰で涼む毎日となった。

いっぽうの金尾君は、無事に成果をあげていた。シロアリは一・五センチメートルくらいある巨大なものだが、一緒にいるお腹のふくれたテルミトビア属のハネカクシ[*134]も五ミリメートル前後あり、このなかまとしてはとても大きかった。塚をくずすとすぐにハネカクシが逃げてしまうので、手早く巣の奥をさぐるのが見つけるコツだそうだ。

今回、くずしてみて初めてわかったのだが、シロアリの塚は実によくできている。上部は煙突のようになっていて、巣の中とつながっている。また、巣の中心部は、ほどよくひんやりして、湿っている。直射日光で煙突部分が温まると、巣の中の空気が上へ押しやられ、それと同時に地中からひんやりとした空気が巣に循環する構造となっているのだ。自然の冷房である。

大きな巣だけに女王も巨大で、ぷりぷりとしていた。金尾君もようやく成果をあげることができ、嬉しそうで良かった。

シロアリの巣から見つかったハネカクシ（テルミトビア）（KT）

## フラミンゴ見物

金尾君がシロアリの塚をくずすのに夢中になっている間、他の三人はあまりやることがなくなってしまった。ジュズヒゲムシはいないし、私も小松君も、行ける範囲は見尽くしてしまった感があった。

運転手のケンによると、この近くにボゴリア湖[*135]という湖があり、そこにフラミンゴがいるから見に行こうと言う。別の環境を見てみるのも面白いと思い、調査を続けたいという金尾君を置いて、みんなでその湖に出かけることにし

ボゴリア湖のフラミンゴ

た。

湖に近づくと、遠目にも岸辺がピンク色に染まっている様子がわかる。ものすごい数のフラミンゴだ。特別に湖の近くまで車で近寄ることができた。フラミンゴが歩く音や羽がこすれる音もあいまって、すごい迫力である。

車で湖岸を進むと、その先にはさらにフラミンゴの密度が濃い場所があり、その絶景に息を呑んだ。

ボゴリア湖はアルカリ性で塩分濃度が高く、独特な藍藻が育ち、それがフラミンゴの餌となっているという。湖に下りて水を舐めてみると、たしかに少し塩辛い。

また、湖岸の一部から温泉が噴き出しており、入り口で買った生卵をそこに置き、温泉卵を作って食べたりもした。世界的に温泉と言えばこれをやるようだ。面白かったのは、その温泉の湧き出し口付近に、ハエやカの幼虫、さらにはガムシなどの水生昆虫も見られたことである。面白いところにいる虫もいるものである。

かねてより奇人はツェツェバエが見たかったのだが、幸運にもこの付近はその発生地となっているようだ。そこで、フラミンゴを見た後は、放牧地をまわったりして、ツェツェバエを探すことに時間を費やしたが、結局ラバンが一度目撃しただけで、奇人が見ることは叶わなかった。怖いので私は見たいとは思わなかったのだが。

## 最後のトラブル

ケニアは治安が悪いと聞いていたので、無事に帰れるのか心配だったのだが、ナイロビや大きな町以外はきわめて安全で、人々がとても親切だということがわかった。

また、食べ物は美味しく、とくにヤギやヒツジがご馳走だった。日本で食べるヤギは臭いという印象を持っていたが、ケニアのヤギは料理法に関係なく、まったく臭くなかった。不思議なものである。

やわらかくて美味しいヤギ肉料理

ナイロビに到着後、ラバンの勤め先である博物館を見学する。昆虫の収蔵庫だけで非常に大きく、よく整理もされていて、驚いた。百年近く前のイギリス領時代の標本もきれいに残っており、日本の博物館顔負けである。

私は一足先に日本へ、松村さんはドイツへと戻った。金尾君と奇人が残ってくれ、標本の輸出許可手続きを行うことになったのだが、彼らの帰国時に問題が生じた。使用していた航空会社がストとなってしまったのである。

そのとき、航空券を買った旅行会社が命運を分けた。金尾君のほうは、向こうから連絡をくれたうえにすぐに代替便を手配してくれたのだが、奇人のほうは、連絡さえもらえず、連絡をしたら代替便を自分で探せとのことだった。どちらも同じ格安航空券である。標本の持ち帰りを任せた二人の不運には申しわけないが、信頼できる旅行会社を選ぶことの重要性を学んだ。

# 第9章 でっかい虫もいいもんだ

――フランス領ギアナその1 2016年1月

## 南米唯一の採集天国

南米はとかく調査が難しい。許可なく自由に調査できる国は一つもない。ただ一つ例外があって、「南米にあるフランス」ことフランス領ギアナだけは、調査許可に手間がかからないのである。そのことは以前から知っていたが、最近、日本人が訪れるようになり、その成果を見て、私も一度行きたいと思った。とくに私の出身研究室に在学している小川直記君とその友人たちの成果は魅力的で、彼に聞くと、「アマゾン＝ネイチャー＝ロッジ」[*136]という採集者歓迎のロッジがあるそうだ。

彼らが調査に行ったのは前年の十月ごろのことである。ロッジに連絡を取ってみると、せっかく行くなら一月末の新月のころが良いらしい。なぜならば灯火採集でタイタンオオウスバカミキリ[*137]という世界最大のカミキリムシが採れる可能性があるからだという。

目的はツノゼミなのだが、昔、『世界の甲虫』で見て憧れたタイタンオオウスバカミキリも採ってみたい。ということで、さっそく一月末の新月周辺を予約した。

ところで、なぜ新月が重要かと言うと、まずはどうして昆虫が明かりに集まるかということを説明する必要がある。諸説あるが、いちばん有力な説はこうである。月夜に歩いたとき、月の位置が変わらないことは誰もが経験をしていると思う。このことは、月と一定の角度で（たとえば、月を真横にして）歩けば、まっすぐに歩けるということを意味する。

実は昆虫もこの方法を使って闇夜を飛んでいる。月や銀河と一定の角度を保って、方向を見定めているのである。そんな昆虫が灯火を見たとき、灯火を月と間違えてしまう。そして灯火と一定方向を保とうとすると、どうしても近くに寄ってきてしまうことになる。灯火に来る虫を観察すると、だんだんと近づき、やがて灯火のまわりをくるくる回り、そして灯火へ飛来する様子がわかる。明かりと角度を一定に保とうとした結果である。

よって、灯火採集をする場合、月夜はよくない。月のほうが明るいと、虫が灯火に寄ってこないからである。逆に月の出ていない新月の場合、条件にもよるが、虫がたくさん灯火に集まることが多い。

## 地球の裏側へ

今回は奇人とたっくん、それに共通の友人の佐藤歩さんだ。たっくんはここ数年で子供が生まれたりして、なかなか長期の旅行に同行できなかったのだが、奥さんの育児休暇などの時機が重なり、少し遅れてなんとか来られることになった。

パリ経由でカイエンの空港に着くと、ロッジのフレデリックさんと従業員のカロリナが迎えに来てくれていた。フレデリックさんは五十歳くらいで、カロリナは二十代の華奢な女の人で

ロッジ近くの道路から森を眺める（KT）

アマゾン＝ネイチャー＝ロッジ（KT）

ある。
　それから車に乗り、途中の売店でビールやラム酒（ギアナ名物）を買い、一時間ほどでロッジに到着した。素晴らしい高木の森に囲まれた環境である。近年、南米全体でひどい森林伐採が進んでいるが、フランス領ギアナは領土の大部分が手つかずの森林で覆われている。良い場所とは聞いていたが、空港からこんなに近い場所だとは思わなかった。
　到着後、さっそく荷物を置いて外に出ようとしたが、あいにくの雨である。この時期はとにかく雨が多く、結局、滞在中に三時間以上雨がやむことはないほどだった。
　夕食時、フレデリックさんと灯火採集について相談する。十三泊を予定しており、灯火採集は七晩分を予約している。一日置きにやることにするが、今晩は雨なのでやめるというと、驚くようなことを教えてくれた。

樹上のアントガーデン（KT）

「雨の夜ほど虫がたくさん来るんだ。タイタンオオウスバカミキリも雨の日にしか来ない」

東南アジアでの経験では、雨の晩にはほとんど虫が来ない。雨上がりもあまり良くないくらいだ。雨の日のほうがいいとは、最初はちょっと信じられなかった。それを鵜《う》呑《の》みにできなかったのと、この日はもう疲れていたので、翌日の夜に最初の灯火採集をすることにした。

## アントガーデンとの対決

翌日から、昼間は雨の合間を縫っては外に出て、ツノゼミやアリの巣を探す毎日が始まった。ツノゼミはペルーに比べるとかなり少ない。やはり森が良すぎるのだろう。

あるとき、森の中にある木に、植物の生えた黒い塊があるのが目に付いた。よく見るとアリの巣である。「アントガーデン」といって、アリが木屑で作った巣に、自ら植物の種を植え付け、その根で巣を補強した構造のものである。

少しくずしてみると、中から大量のアリが飛び出してきた。オオアリ属[*138]の一種とシリアゲアリ属[*139]の一種で、どうや

咬む力が強いオオアリ属の一種（KT）

ら二種のアリが共同で巣を維持しているようだ。熱帯ではたまにある現象で、東南アジアでも、とくにオオアリとシリアゲアリのなかまが仲良くしていることが多い。

これは何かいるかもしれないと思い、奇人とたつくんの三人で、巣を解体し、中から好蟻性昆虫を探すことにした。

オオアリはとにかく凶暴で、咬まれるととても痛い。六〜七ミリメートルほどの小さなアリなのだが、大顎の力が強く、咬みつくと放さないうえ、皮膚のやわらかい部分を咬まれると出血するくらいだ。

そんな感じで全身を咬まれると意気消沈してしまうのだが、たっくんはたまたまツルツルした素材のズボンをはいていて、これだとアリが這い上がってこないという。

巣の解体はみんなでやるとして、巣の採集はたっくんにお願いすることにした。

巣の中には、予想通り、いろいろな好蟻性昆虫がいた。とくにアリヅカムシ[*140]とゴキブリはかっこよく、ゴキブリは本でしか見たことのないミルメコブラッタ[*141]という非常にかっこいいもので、感激した。アントガーデンにしかいない好蟻性ゴキブリである。

巣の中から出たアリヅカムシ(KT)

同じく小さくてかっこいいゴキブリ(KT)

とにかくこのアリの巣の解体は、アリとの戦いで、満足するころには体中のあちこちに咬みついたアリの頭が残り、血がにじんでいた。しかし、それを補って余りある成果があった。

## 危険なヒアリ

痛いといえば、ロッジの周囲にはヒアリの一種[*142]の巣がたくさんあった。巣は枯れ草を積み上げたもので、よく見るとハネカクシの仲間が歩いている。その巣に板切れや石をかぶせ、たまにひっくり返してみると、それらのハネカクシを容易に採集することができた。どれも本でしか知らなかったものだった。

そのアリが非常に神経質で、迂闊《うかつ》に触るとその瞬間に刺してくるうえ、二〜四ミリメートルの小さなアリなのに、猛烈に痛い。一匹でミツバチ一匹に刺されたくらいの痛みで、板切れをどけるたびに何匹にも刺されるのには参ってしまった。しかしハネカクシは欲しいので、結局、毎日のように何度も痛い目に遭うこととなった。

ヒアリのなかまは南米原産で何種もおり、数種が日本の離島を含む世界各地に外来生物として帰化している。とくに、「ヒアリ」という名のヒアリはきわめて毒が強く、最近神戸に入ったようだが、もし定着したら大変なことになるのは間違いない。すでに定着したアメリカでは毎年のように死者が出ており、日本でも同じようなことになるかもしれない。今後日本で一番気をつけるべき外来の昆虫である。

## 外国のカブトムシはどうしてかっこいいのか?

二日目の晩から灯火採集をした。カロリナとその彼氏が設営をし、ときおり、発電機のガソリンを補充に来てくれる。

大量の虫が集まった灯火採集の様子

その晩は土砂降りだったのだが、たしかにたくさんの虫が来る。フレデリックさんによると、大雨で木の上にいる虫が叩き落とされ、行き場を失ったものが灯火にやってくるそうだ。東南アジアと南米の熱帯林の違いに、高い木の上にいる虫の数（個体数と種数）がある。東南アジアでは、高い木の上に虫は少ないが、南米では、どういうわけか高い木にも虫が多いことが知られている。そういう虫が雨で落とされ、地面に落ちる前に灯火に飛んで来てしまうというのは、なんとなく想像できることである。

驚いたのはツノゼミの多さで、午後八時の開始直後から、次から次へと飛来し、あっという間に百頭くらいが採れてしまった。種数も多い。昼間には見つけにくかったツノゼミだが、どこにこんなにたくさん隠れているのか不思議だった。おそ

スンダリオン属のツノゼミの一種

灯火採集に来たハチマガイツノゼミの一種

たくさん来た小さなカブトムシ（KT）

リュコデレス属のツノゼミの一種

らくは高い木の上にいるのだろう。

　また、ヤママユやスズメガなどの蛾も多く、これも楽しかった。これらを合わせて、一晩に三十種以上、百頭くらい飛来することも少なくなかった。オヒキヤママユ[*143]といって、後翅にある突起が非常に長いヤママユが優雅に舞う姿はとくに見事だったし、ウォルカースズメ[*144]といって、世界でいちばん長い口吻《こうふん》（クチバシ）を持つスズメガも嬉しいものだった。

　甲虫は全体的にあまり多くないが、小さなカブトムシだけは種数個体数とも、とても多い。

　以前、NHKの『子ども科学電話相談』に出たとき、「外国のカブトムシはどうしてかっこいいのですか？」という

灯火採集に来たいろいろな蛾

ウォルカースズメ

子犬ほどの大きさがあるオオヒキガエル

オヒキヤママユの一種

小学校低学年の児童からの質問があった。その子は、とくに南米のヘラクレスオオカブトが好きだという。

実は南米はカブトムシの宝庫で、一つの国に二百〜三百種ものカブトムシが生息している。日本は全土で五種しかいないので、桁違いだ。しかし、それら何百種というカブトムシも、実は大半は角もなく、一見するとただのコガネムシのようなものばかりである。そして確率論的に、ごく一部が角を持っており、その中にヘラクレスオオカブトのようなものが交じっている。また、熱帯の気候や餌となる大きな樹木の存在が、そういった大型のカブトムシの生息を可能にした。そのように答えた記憶がある。

断続的に雨が降る中、傘をさしながらの灯火採集は実に楽しいものだった。フレデリックさんによると、土砂降りの午前一〜四時の間にタイタンオオウスバカミキリが飛来することが多いという。そういう「好条件」の夜には明け方まで待機するようにしたが、体力的になかなかきつかった。毎晩、オオヒキガエル[*145]やキンイロヒキガエル[*146]という巨大なカエルが幕まで虫を食べにやってきて、それを遊び相手にするのも楽しかった。

## グンタイアリ丸ごと採集

ある日、ロッジの近くにナミグンタイアリの行列を見つけた。

ナミグンタイアリの行列（ST）

アリから餌を奪うハネカクシの一種（左）（KT）

行列を観察していると、アリの運んできた餌を奪うハネカクシがいたりして、とても面白かったのだが、たっくんがたどっていくと、腐りかけた倒木の空洞の中にビバークがあった。どうやら数日間動いていないようで、停滞期のようだ。

そこで三人で相談し、このビバークを丸ごと採集することにした。

フレデリックさんにふた付きの大きなポリバケツを借り、内側にベビーパウダーを塗る。これによってアリはすべって、這い上がってこられないはずだ。さらに、手袋をして、服の隙間にガムテープを貼り、完全防備だ。

「せーの！　いくぞ！」

ベリッと倒木の上部を剝がすと、予想通りそこにはアリの塊があり、見つけた

巣を丸ごと採集した後、軍手に咬みついた兵隊アリ（ST）

ナミグンタイアリの女王（ST）

瞬間から三人で両手を使って、それをつかんではバケツに入れることを繰り返した。わずか数分の作業だったはずだが、とても長く感じた。

　手袋は何十もの兵アリの大顎が貫通し、手に手袋が縫い付けられたようになってしまった。もちろん、外すときには血まみれである。しかし、無事に大部分のアリは採集でき、ずっしりとバケツの中に入ったアリに痛みを忘れた。アリだけで数キログラムの重さである。

　夕食後、ロッジの近くにある小屋に椅子を並べ、バケツに枝を差し込み、人工的に引っ越しをさせ、座って行列を眺めながら好蟻性昆虫を採集することにした。

　バケツの中にいたくないアリたちは、枝を伝って外に出て、それから引っ越しが始まった。

アリ型のハネカクシやエンマムシなどの甲虫も次々にやってくる。これは楽しい。

そして最後のほうで、女王アリがやってきた。たっくんがいちばん見たかったものである。停滞期（産卵をするために一ヶ所にとどまる時期）だけに腹部が大きく、移動期の数倍大きく見える。巧みな「アリ使い」であるたっくんは、ささっと女王を抜き取り、気が済むまで撮影し、何事もなかったように行列に戻した。

引っ越しは終わったのだが、なんとその先は私たちが滞在していたロッジの床下だった。それから数日間、アリたちが再び引っ越すまで、部屋や風呂の中をアリの行列が行きかい、それを踏まないように過ごすのに難儀した。

## シタバチとテナガカミキリと糞虫

シタバチ[*147]という蜂がいる。その名のとおり、口吻（舌）がとても長い。そして何よりの特徴は、緑や青の美しい金属光沢である。

シタバチのなかまの雄は、全部ではないが、バニラエッセンスやユーカリ油、サリチル酸メチルなどの薬品に集まるという。それはなぜかというと、そういった物質が、シタバチの好むランの花や植物の葉に含まれているからである。シタバチの雄はそれらを体内に取り込み、フェロモンとして利用し、雌を呼び寄せるのに使う。ヒトでいうお化粧や香水と同じようなもの

美しいシタバチのなかま

現地で針に刺したシタバチのなかま

だ。

今回、それらの薬品を持ってきて、木に塗って採集を試みた。すると、天気の良いときであれば、ものの数分でシタバチのなかまが集まってきた。色とりどりで美しい。夢中で撮影し、採集もした。採集したものはロッジで針に刺し、シリカゲルで乾燥させて、そのまま標本とした。

また、南米名物のカミキリムシがいる。テナガカミキリ[*148]といって、体にオレンジと黒の複雑な模様を持ち、雄の前脚がとても長い。そして大きくて立派で、体長は十センチメートル程度だが、前脚を伸ばすと二十五センチメートルを優に超える。

ロッジの近くで木が切り倒されており、そこにテナガカミキリが毎晩飛来するのを見るのは壮観だった。雌は枯れた木に産卵するために飛来し、雄はその雌と交尾するために来る。

テナガカミキリの背中に乗るカニムシの一種（KT）

不思議な模様のテナガカミキリ（ST）

さらに面白いことに、このカミキリの翅の下（腹部の上）には、カニムシ[*149]という虫が乗っている。テナガカミキリに寄生するダニを食べるための共生関係だ。知ってはいたが、その様子もじっくりと観察することができ、調査に花を添えた。
　暇を見つけては、（自分の）人糞を布にくるみ、それを地面すれすれにぶら下げ、その

筆者の糞に来たニジダイコクコガネの一種

下に酢酸水溶液を入れた容器を置き、糞に集まる糞虫を採集するのも楽しかった。実にいろいろな糞虫が容器に落ち、その種数は三十を超えた。中でも、ニジダイコクコガネの一種[*150]は赤い金属光沢を持ち、太陽光下で輝く様子は素晴らしかった。

フレデリックさんによると、このあたりは哺乳類がとても豊富だそうだ。大きなジャガーもいるらしい。糞虫は種によって、草食動物の糞、肉食動物の糞、糞ではなくて腐った肉など、好みが違う。多くの哺乳類は警戒心が強く、直接観察するのは難しいが、ここの糞虫の種数の多さは、哺乳類の種数の多さを物語っていた。ちなみに、人間は雑食性のためか、人糞にはいろいろな食性の糞虫が集まる。

## タイタン飛来

灯火採集を始めた最初の数日は、みんなで幕を見ることも多かったが、昼間も採集して、さらに明け方までというのはきついようで、途中から私一人で夜中まで残ることが多くなった。

ある晩、土砂降りが一瞬だけやんだ。ツノゼミを採りつつ、上空を舞うオヒキヤママユを眺めていたとき、突然「ボン！」と鈍い音がして、幕が大きく揺れた。

「うおおおお!!　ほんとにいたのか！！！！」

そこにはとても昆虫とは思えない大きさのタイタンオオウスバカミキリがバタバタと歩いていた。それをむんずとつかんだときの感触と驚きは今でも忘れられない。でかい。本当にでか

とにかく巨大なタイタンオオウスバカミキリ

大きなクロツヤナメクジツノゼミ

ナベブタアリの下にいるカメノコツノゼミの一種

い。まるで大きなイセエビでもつかんでいるような気分である。

結局、七晩の灯火採集で、これが最初で最後のタイタンオオウスバカミキリとなったが、十五センチメートル近くと、かなり大きな個体で、とても嬉しいお土産となった。正直言って大きな虫は「卒業」したつもりで、自分でもこんなに嬉しい気持ちになったことが新鮮だった。

灯火採集は本当に楽しく、採集したツノゼミも軽く百種を数えた。たくさんのハチマガイツノゼミのなかまや、世界最大で二センチメートルくらいあるクロツヤナメクジツノゼミ[*151]など、研究としても重要で、嬉しいものも多く、満足のいく結果となった。

ツノゼミは昼間の採集も楽しかった。あるとき、ナベブタアリというアリが木の枝に集まっているのを見ると、そのアリの腹部にそっくりの色と表面構造を持ったカメノコツノゼミの一種[*152]を発見した。完全にアリの群れと同化しているのである。このツノゼミはこのアリとだけ共生を結んでいる。ナベブタアリを好んで食べる天敵は少なく、進化の過程でツノゼミがこのアリに上手く紛れ込めるようになったのだろう。

その他、かっこいいナンベイイヒゲブトオサムシの一種[*153]や、アオシタオオバッタ[*154]という後翅が真っ青の美しいバッタや、後翅が赤いビワハゴロモ[*155]なども嬉しい副産物だった。

また、同時期に親切なアメリカ人一行が滞在しており、彼らは蛾の採集が目的だったので、

かっこいいナンベイイヒゲブトオサムシの一種

後翅の美しいアオシタオオバッタ

こちらも美しいビワハゴロモの一種

私のためにたくさんのツノゼミを採っておいてくれたのもありがたかった。

今回は雨が多く、昼間の採集はままならなかったが、灯火採集だけにでも、また訪れたいと思った。

# 第10章 昆虫好きの楽園

——フランス領ギアナその2 2017年1月

## 先発隊に動揺

翌年、再び同じ場所を訪れることになった。楽しかった話をあちこちでしたところ、行きたいという知人友人が大勢おり、少しずつ日程はずれているが、三組、総勢十名で出かけることとなった。

岡島賢太郎君（以下、賢太郎）というツノゼミ仲間と、その友人である上森大幹さんと安岡竜太さんが一足先に現地入りしていた。私たちは第二陣として、写真家の山口進さん、その友人の加藤良平さん、そして国立科学博物館の野村周平さんとともに、四人で到着となった。

到着後、何が採れているのか見せてもらおうと、さっそく賢太郎を訪れる。何かニヤニヤとしている。

「へへへ。もうツノゼミだけで百五十種くらいは軽く採ってますよ」

そう言ってぎっしりとツノゼミの詰まった入れ物を見せてくれた。中には驚くようなものも交じっており、これは負けていられないと焦りとともに闘志がみなぎった。ただし、タイタンオオウスバカミキリは十センチメートル程度の小型個体しか採れておらず、胸をなでおろした。はい、私も自分のことを幼稚だと思っています。

今回は灯火採集が主体である。十日間の滞在で、毎晩灯火採集を予約した。

前回と異なり、ロッジの周辺は広く切り開かれている。フレデリックさんによると、ロッジの数を増やし、多くの客を呼び込むためだという。切り開かれたばかりの森の周囲は攪乱され、虫が多い。これは期待できる。

見事なロスチャイルドヤママユの2種

## 嬉しそうな名カメラマン

初日の灯火採集は、私たちは昨年たくさんの虫が採れた場所へ、賢太郎たちはロッジからほど近い新しい伐採地の中でやるという。

土砂降りで条件が良いが、どうにも振るわない。あまり虫が来ないので、午前一時で終了とした。ただし、前回採れなかった見事なロスチャイルドヤママユ[*156]というヤママユガ科のなかまはとても嬉しく、時期でないはずのアクテオンゾウカブト[*157]の雌もやってきた。

それから、気になって賢太郎たちの様子を見に行くと、なんとたくさんのツノゼミが来ているではないか。他の虫も多い。やはり新しい伐採地がいいのかもしれない。今日

ずっしり重いアクテオンゾウカブトの雌

だけで五十種以上のツノゼミが採れたという。

明日からは賢太郎たちは帰るので、とりあえずここでやろうと心に決めた。

翌日、賢太郎たちと入れ替わり、新里達也さんと西山明さん、山迫淳介君というカミキリムシ採集目的のみなさんがやってきた。

その晩は野村さんが先に帰り、加藤さんも午前零時前に帰り、山口さんと私が最後に残った。ムシムシとして虫が多くはあるが、雨がなく、タイタンオオウスバカミキリの条件とは違うような気がしていた。

そこで私は、近くで灯火採集をしていたフランス人一行のところへ行き、ツノゼミを採らせてもらうことにした。彼らは大きな昆虫が目当てだそうで、「ボンソワー！」と挨拶すると、快くツノゼミを採らせてくれた。

そこで三十分ほど採集したあと、私たちの場所に戻ると、なにやら山口さんがニッコリとしている。いつも穏やかで笑みを絶やさない山口さんだが、ちょっと雰囲気が違う。

「わっ!!」

山口さんが大きな声を出して私の顔の前に差し出したのは、見事なタイタンオオウスバカミキリだった。

「ええーー!?」

実は山口さんにとって、このタイタンオオウスバカミキリが今回の目的の一つだったそうだ。「ジャポニカ学習帳」の表紙の写真家として有名な山口さんだが、その昔、いろいろな巨大昆虫を求めて、世界中をまわられたそうだ。タイタンオオウスバカミキリに関しては、何百万円もかけて、ブラジルの奥地に二回も足を運んだそうだが、それでも見つからなかったという。

少し悔しかったが、あまりにも嬉しそうな山口さんにこちらも嬉しくなった二日目だった。

タイタンオオウスバカミキリを捕まえて嬉しそうな山口さん（SY）

## あまりにも楽しい灯火採集の日々

昨年は、ロッジの周辺に二ヶ所の灯火採集の設備があったが、今年は五ヶ所もある。他の組との公平性も考え、相談しながら場所を移動した。昨年はカロリンがやってくれたが、今年はヨーゼフが面倒を見てくれた。どちらもエストニア人で、毎年十月から一年間、インターンで代わる代わるエストニア人の若者がここで働くそうだ。だいたい、野村さんが午後十時には帰り、山口さんと加藤さんも午前零〜一時の間に帰り、私は明け方近くまで残るという様式が定着してきた。

幕の近くにはテントがあり、そこで雨宿りができるようになっている。ずっと幕の前に立つのは体力的に無理なので、昨年も、三十分置きにテントから見に行くことを繰り返していたのだが、その待ち時間が少し退屈だった。そこで今回は、スマホに映画や小説をたくさん入れてきた。

しかし、三十分置きにツノゼミを採るのも心が弾むし、いつ来るかわからないタイタンオオウスバカミキリを待つのも楽しい。事実上、映画や小説に集中するようなことはあまりなく、ほとんど休息なしとなっていた。タイタンオオウスバカミキリが飛来する様子を想像するだけでドキドキと胸が高鳴り、物語が頭に入らないのだ。

奇跡は山口さんがタイタンオオウスバカミキリを採った翌々日に訪れた。夜中の一時過ぎに幕を見ると、何かカミキリムシがとまっている。近づくと、十センチメートルほどの小さなタイタンオオウスバカミキリだ。その瞬間、足元で「ガシャッ!」と音がした。

「おおおお!!　でかいぃぃぃぃ!!!」

私一人しかいない森の中で雄叫びをあげた。これまで見た中でいちばん大きな、十五センチメートルを超えるタイタンオオウスバカミキリが足元に落ちたのである。つまりこのときは、立て続けに二匹ものタイタンオオウスバカミキリが飛来したことになる。これには驚き、大喜びした。その後、アクテオンゾウカブトの雄も飛来し、それも嬉しかった。

またカミキリ組はこの晩を含め、最終的には全員一匹ずつ、合計三匹のタイタンオオウスバカミキリを手にしたようだ。さすがである。

時期外れだが嬉しいアクテオンゾウカブトの雄

## 夢みたいな場所

ある日、山口さんがシタバチの集まる花を見つけた。シタバチの働き蜂は花に集まるのだが、選り好みが激しく、どんな花でもいいわけではないそうだ。その花の近くに行くと、少ないながら、たしかにシタバチがいる。山口さんは南米各地でシタバチの生態を撮影されており、今回も良い機会となったようだ。雌の標本は貴重である。撮影の邪魔にならないよう、いくつかを採集させていただいた。

ロッジのまわりにはオウサマボウバッタ[*158]という大きなバッタが

手に乗せたオウサマボウバッタ

オウサマボウバッタのひょうきんな顔

たくさんいた。十八センチメートルほどもあり、ナナフシのように細長く、翅はなくて飛べない。とても面白い顔をしている。子供のころ『世界の甲虫』が出る少し前、同じく学研から『世界の昆虫』という本が出たのだが、そこに載っていて、憧れていたものだった。

実は、ツノゼミやシタバチも、この本で初めて知ったものである。『世界の昆虫』は思い出の図鑑であり、それらの昆虫が一堂に会する場所に来られるとは、とても幸せな気持ちになった。

また、野村さんと加藤さんは昼間も精力的に行動し、とくにナルキッススミイロタテハ*159やモルフォチョウのなかまなど、極彩色のチョウの採集と撮影に夢中になっていた。お二人ともいろいろなものが見られて、満足そうだ。

ロッジのまわりにはアイゾメヤドクガエル[*160]という美しいカエルがたくさんいた。アナナスという植物の葉の付け根に溜まった水に産卵するカエルで、「矢毒」の名のとおり、猛毒がある。私はロッジの台所で、いつか昼間に撮影しようと、見つけたアイゾメヤドクガエルを瓶に入れてとっておいた。しかし夜中にトイレに起きたとき、それが逃げ出して、瓶のふたの上に載っていることに気づいた。寝ぼけていた私は、それを素手でつかんで瓶に戻した。

野村さんが採集したナルキッススミイロタテハ

うっかり触ってしまったアイゾメヤドクガエル

それから恐ろしいことが起きた。手のひらにあった小さな傷がヒリヒリと痛み出したのである。アイゾメヤドクガエルの毒がわずかに入ってしまったのだ。これには焦って、死ぬかと思ったが、幸い、数日で痛みは消えた。アイゾメヤドクガエルの皮膚からは猛毒の物質が分泌され、ほんのわずかな量が体内に入っただけで命の危険がある。寝ぼけて迂闊

池にひそむブラジルカイマン

ブラジルカイマンを持つ筆者（YS）

なことをしたものだった。

　またあるとき、ヨーゼフがブラジルカイマン[*161]というコビトカイマン属の小さなワニの居場所を教えてくれた。伐採地に大雨で大きな池ができており、そこにいるカエルを食べに来ていたのだ。初めて間近で見るコビトカイマン属には興奮し、それが小さかったこともあり、思わず飛びかかって捕まえてしまった。ワニには迷惑をかけたが、いちどやってみたかった。

　結局、ツノゼミに関しては、フランス人たちやカミキリ組の採集物も頂戴し、軽く千五百頭を超え、合計二百種近くを採集することができ、大満足となった。

　とくに、不気味な模様のアカモンヘルメットツノゼミ[*162]や、かわいらしいアオリンゴツノゼミ[*163]、以前より憧れていたクロオオハチマガイツノゼミ[*164]、本当にハチのようなホソトゲハチマガイツノゼミ[*165]には

ある日のツノゼミの成果

アオリンゴツノゼミ

アカモンヘルメットツノゼミ

クロオオハチマガイツノゼミ

ホソトゲハチマガイツノゼミ

狂喜した。

もちろん、昨年より大きなタイタンオオウスバカミキリも嬉しかった。

## 後遺症

毎朝、明け方にロッジに戻り、ビールを飲みつつ鼻歌を歌いながら標本を整理し、三〜四時間の仮眠を取り、午前十一時にブランチ。それから再び三〜四時間の仮眠を取り、午後七時に夕食、午後八時に灯火採集開始という毎日だった。

ロッジの食事は、高いがとても美味しい。とくに夕食は、見事なフランス料理を出してくれる。しかし、だんだんと体力がなくなってきて、食事を取るのも重くなってきた。

三〜四時間の仮眠と書いたが、これも実は十分に取れなかった。

灯火採集中、「いつすごいツノゼミが来るか」「いつタイタンが来るか」とドキドキしていたが、その昂りがベッドに入っても冷めず、どうにも寝付けないのである。最終日にはほとんど死にそうになりながらも、それでも採集を中断することはできなかった。ほぼ「虫採り中毒」と言うべき状態である。

帰国後も同じ状態が続いた。いくら疲れて眠っても、三〜四時間で起きてしまい、幕に集まる虫たちの顔ぶれ、ツノゼミやタイタンオオウスバカミキリへの昂りを思い出して、目が冴えてしまうのである。

　年度末の忙しい時期が近づき、これでは大学業務に差し支えると思い、帰国してから数週間後に心療内科を受診した。

「あの、睡眠障害で、仕事に支障をきたしているんです」

「何か悩みがあるのですね……」

　家族構成や職場の人間関係など、ストレスの原因を遠回しに探ってくださっているが、そうではない。

「いや、南米に調査に出かけたのですが、そこでの生活が不規則だったうえ、あまりにも楽しく、そのときの気持ちの昂りが蘇って、短時間しか眠れないのです」

　お医者さんは変わった動物を観察するような目で私を見て、本当にストレスではないのかと何度も繰り返しいろいろな質問を投げかけてきたのだが、こちらとしてはそれが真実である。最終的には人生初めての睡眠薬をもらって、その後、二ヶ月近くかけて日常を取り戻した。

　客観的に見ても普通ではないし、不眠に真剣に悩む方に失礼だ。お医者さんの好奇な目線は甘んじて受け入れたい。

　不眠中はずっと旅を続けていた気分で、それが治って改めて旅を終えた気がした。そう考えるとこれまでにない長旅だった。

# 番外編　ちゃんと研究もしてますよ

## 研究の目的

本書では調査旅行中の出来事や心の機微を描いているが、ただ旅行をしていたわけではないことは言うまでもない。あくまで研究材料の確保が目的で、もちろんそれも楽しいことが前提であるが、いくつかの大きな目標のうえに進めている。

最近、その成果の一つが大きな論文となり、国際的な雑誌に掲載され、海外では大きく報道もされた。それは「軍隊アリと共生するハネカクシの古い時代からの収斂進化[*166]」である。

本書にも何度も登場するが、グンタイアリ、サスライアリ、ヒメサスライアリの社会にはアリ型のハネカクシが共生している。また、これらのアリはすべてサスライアリ亜科に属し、総称して「軍隊アリ」と呼ばれている。つまり、「軍隊アリ」にはたくさんの種のアリ型のハネカクシが共生しているのである。

アリ型のハネカクシは、甲虫とは思えないような、あまりに特化した姿をしているため、形態情報では正確な所属や系統関係が調査できない。進化の過程でアリになりきりすぎて、細かな所属を推察するうえで必要な形態的特徴を失ってしまっているのだ。

系統樹というものをご存じだろうか。生命の壮大な家系図のようなもので、つまりは、どれとどれが近い（家系図でいえば、誰と誰が親子なのか）といった、いろいろな生物間の関係を示すものである。生物の教科書や博物館などで見たことがある人もいるかもしれない。その系統樹があると、その生物がどうやって進化してきたのかが見てとれる。

そして最近では、DNA情報を使って、この系統樹を作ることが主流となっている。各種が持つDNAの情報の違いを計算して、系統樹を作るわけである。

ただしこの方法にも弱点がある。DNAは熱や化学物質に弱く、きれいなDNAは新鮮な標本からしか取り出せないのである。よって、博物館に残っているような古い標本はほとんど研究に使えないので、研究したいのなら、新しい標本を研究者自ら採りに行くしかない。

さて、アリ型のハネカクシは、ハネカクシ科のヒゲブトハネカクシ亜科（科の一つ下の単位）という一群に属する。ヒゲブトハネカクシ亜科には、アリ型でないものが多いし、そもそもアリとの関係性を持たないものが圧倒的多数である。多くは土の中でダニなどを食べている。

マレーシアの調査を始めたばかりのころ、いくつかのアリ型のハネカクシを解剖し、詳しく形態を観察してみて、それらがなんとなく近縁ではないことがわかってきた。つまり、アリ型がいろいろな系統で独自に進化してきた可能性が見えてきたのである。そこで、アリ型のハネカクシが、ヒゲブトハネカクシ亜科全体の中で、どのように進化してきたかということが知りたくなってきた。せっかくなら、それをＤＮＡで調べたい。

それから、世界中をまわって、世界各地の「軍隊アリ」からアリ型のハネカクシの新鮮な標本を採集する旅が始まったのである。

## アリ型のハネカクシの多数回進化

結局、年に少なくとも三回、多いときには六回もの調査に出かけ、十二年間をかけ、世界の主要なアリ型のハネカクシを採集するにいたった。

このときの調査の様子は、ペルー、カメルーン、マレーシアの各編で書いているが、本書に紹介した調査はそのごくごく一部である。多くは地味な調査の繰り返しで、小さな感動はたくさんあったが、その楽しさを人様に伝えるのは難しいものばかりである。

それはさておき、歳月をかけてようやく、必要な標本が揃った。こんどは実験だ。このとき、本書のペルー調査にも登場するジョーと出会えたのは何よりの幸運だった。二〇一五年の夏にＤＮＡ配列を読み取る実験を行い、それからジョーの主導で計算（解析）を行って、二〇一六年に系統樹が出たのだった。

それを見て、二人でとても驚いた。当初、ヒゲブトハネカクシ亜科の中で、せいぜい数回、

各種のグンタイアリ（左）とそれぞれに共生するハネカクシ（右）

アリ型のハネカクシが独自に進化したと思っていた。ところがふたを開けてみれば、最低十二回、多く見積もれば十五回もアリ型のハネカクシが独立して進化していることがわかったのである。

また、同じ亜科のハネカクシの化石産出年代の情報をもとに計算すると、アリ型の起源がとても古いこともわかった。恐竜の足元を軍隊アリが歩いていた時代、その祖先は現れていたのである。

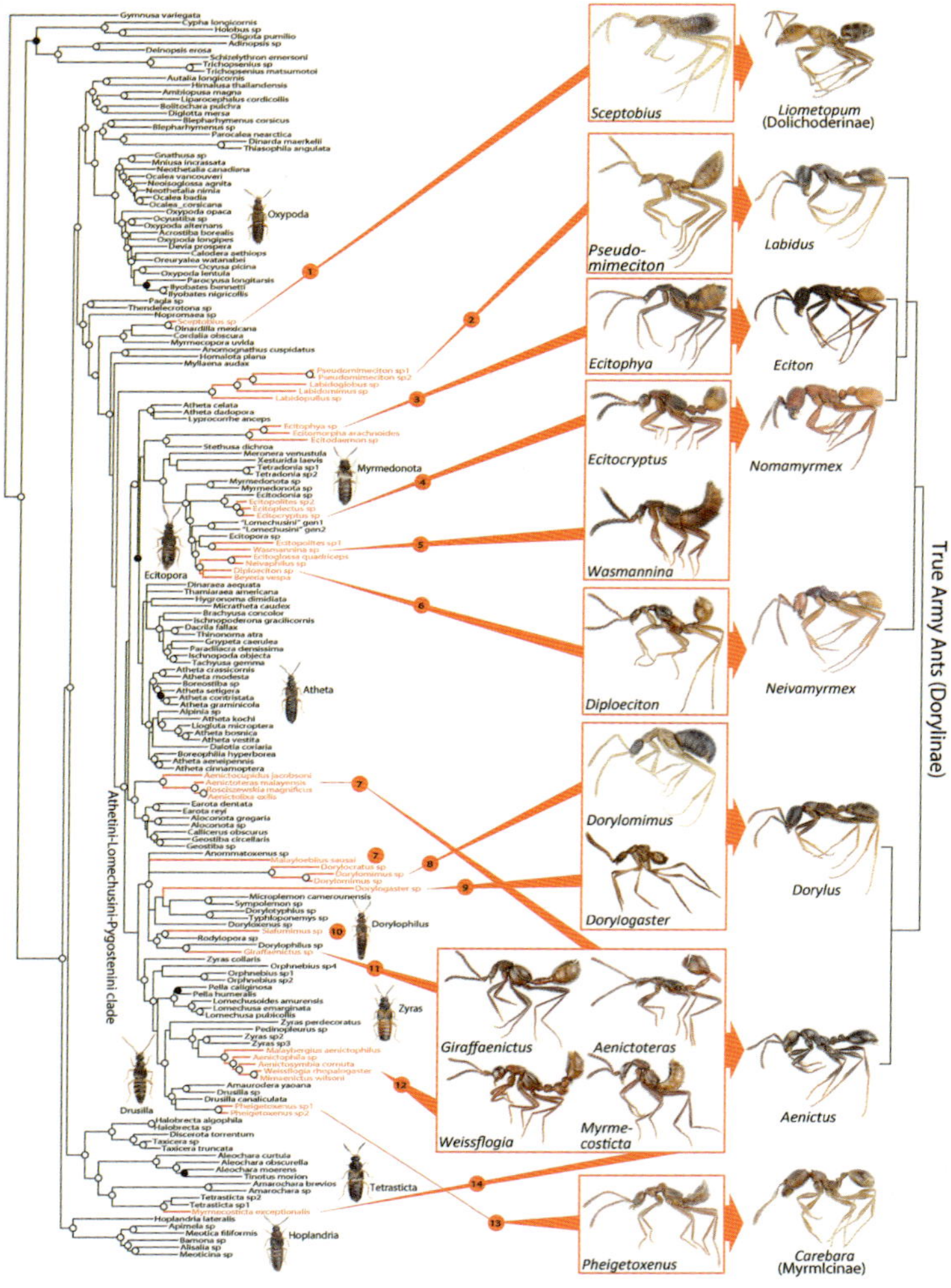


ヒゲブトハネカクシ亜科の系統樹とアリ型種（オレンジの種名と囲みの写真）が多数回進化した様子（右側が対応する寄生アリ）　©Elsevier 社（2017）

つまり、ヒゲブトハネカクシ亜科の中で、いろいろな種（祖先）が古い時代から「軍隊アリ」と共生関係を結び始め、その後に共生関係をより深めた結果、アリ型に姿を変えていったのである。

こういう進化を「収斂進化」という。同じ環境条件で、別の生物が同じような形に進化することである。

極端な例を挙げると、空という環境条件があったとき、翼竜、鳥、コウモリが、それぞれ独立に翼を持つ生物の姿に進化した。また水という環境条件があったとき、魚、魚竜、クジラが、それぞれ独立に紡錘形で鰭《ひれ》を持つ生物の姿に進化した。

この研究は「軍隊アリの社会という環境があったとき、いろいろな系統の生物（ハネカクシ）が、独立にアリ型に進化した」という大規模な収斂進化の例を初めて示したわけで、生物進化の研究においては、自分で言うのもなんだが、歴史的な研究成果となった。事実、ある世界的に著名な進化生物学者から「これは進化生物学の教科書に載せるべき成果だ」と言っていただけたし、日本人の研究者には「日本人にこんな大きな研究ができるとは思えなかった」とも言っていただけた。日本人で自ら世界中から標本を採集して、それを自分で研究した例はほとんどなかったのだ。とにかく時間はかかったが、多くの人が認める良い成果を出すことができた。

## ツノゼミの研究へ

最近ではツノゼミに夢中だ。東南アジアではほとんど研究が進んでおらず、もう六十年以上、大きな研究成果はないし、まだまだ調査も手薄である。

ツノゼミは変わった角を持っているが、私はツノゼミの中で唯一汎世界的に分布するツノゼミ亜科[*167]という一群に対象を絞り、その中で角がどう進化したのか、どうやって生息域を広げたのかを次の課題としている。

また、ツノゼミ亜科には、雌が卵を守る習性を持つものもおり、それがどのように進化したのかも課題である。いずれの課題にもツノゼミ亜科全体の正確な系統樹が必要で、そのために世界中の熱帯でツノゼミを採集しているのである。

さらにいうと、ツノゼミに近縁なヨコバイ科などで角があまり発達しないのに、どうしてツノゼミばかりで発達するのかも気になる。ツノゼミ独自の遺伝的な基盤があるはずで、それを突き止めれば、ツノゼミの形態的多様性の秘密やその意味も見えてくると思っている。

今後の展開にご期待いただきたい。

なお、これらの研究が人類の生活に直接役に立つことはないだろう。しかし、私はそれでいいと思っている。学問とは大小の発見の積み重ねであり、それぞれにかけがえのない大切なものである。人類の生活に貢献する偉大な研究の背景には、必ず地味で小さな発見の積み重ねがあるのだ。どんな小さな発見が、その後の大きな成果につながるのか、それは誰にもわからないことなのである。

また現在、全国的、世界的に環境破壊が進んでいる。その勢いたるやすさまじく、現代人の所業とは思えないようなヒドいものもある。そういった馬鹿げた開発や、ときに行われる環境改悪の背景には必ず「知の欠如」がある。どこにどういう生物がいて、どんな姿をしていて、どんな暮らしをして、どのように進化してきたのか。私たちの研究を通じて、その面白さと大切さ、愛おしさを知ってもらい、少しでも生物に対する関心と知識を持つ人が増えてくれたら、多少は現状の改善に貢献できるのではないか。きっと、ほんの少しではあるだろうが、それこそが私の役割だと思っている。

# 旅行と私　あとがきにかえて

おそらく私は、同世代の研究者としては、日本でいちばん海外調査に出かけていた一人だろう。にもかかわらず、正直に言って、私はそんなに旅行好きではない。昆虫採集自体は楽しいが、単純に旅行という観点では、むしろ嫌いなほうである。

生まれて初めての海外旅行は台湾の一人旅だった。初めてだったのだが、現地で知り合った日本人たちに「旅慣れている」と言われたのを覚えている。その後の経験で実感したのだが、実は旅慣れている人は、最初から旅慣れているのである。そうでない人は、いくらあちこちに出かけても、ずっと旅慣れない。「旅慣れている」とは、旅行中に程良く緊張感を維持し、それでいて楽しみつつ、効率的に計画を練り、適度に思い切りよく決断し、問題なく旅を完結させられる能力である。これはもともとの性格の問題であり、自慢するようなことではない。

そこでなんで私が旅行好きではないのかというと、普段ダラーッと過ごしている私にとって、その能力の発揮に疲れてしまうからだ。いつも最悪の事態を想定して行動するので、治安の悪い国ではとくに緊張感で疲れてしまう。本当は、もう少し肩の力を抜いてもいいはずだが、心配性の私にはどうもそれができない。だからこそこれまで大きな問題もなかったのだが、「旅慣れている」けれど、本当は「旅に向いていない」かもしれないとも思っている。

ただ、旅行に出るのも悪いことばかりではない。少し前に「海外に行って人生観が変わった」と言う人に対して、「お前の人生観なんてその程度かよ」と揶揄《やゆ》するような言説を聞いたことがあるが、それは旅行というものを知らない人の戯言《ざれごと》だ。人生観とは言いすぎかもしれないが、旅行は確実に人の中身を変える。

私を含む普通の人は、できるだけ外の世界に出て、多くの人と知り合ったり、いろいろな経験を経ないとなかなか成長などできないものである。「俺ってこんなに小さい奴だったのか」と自分を客観視したり、「世の中にこんなにいい人がいるなんて、知らなかった」「こんなにつらい思いをしている人がいるなんて」などと他人の言動を直接観察することは、どんな本や映画も及ばない体験だ。それが海外である必要は必ずしもないが、旅行は、たとえ何も気構えなくても、否応なしに私たちにいろいろな経験や考える機会を与えてくれるものである。

現在、長期の旅行は立場上なかなか難しいが、行きたい国や採りたい虫はまだまだたくさんある。知りたいこと、自分で確認したいこともいっぱいある。とくにマダガスカルと西インド諸島（カリブ海の島々）には必ず行きたい。旅行に行くのは面倒だが、やはり初めて出会う虫を見つけた感動はあまりにも大きい。これからも私は旅に出て、そこで大騒ぎしながら虫を採るのだろう。

なお、本書に出てくる現地の方々の個人名は、必要に応じて仮名とした。私はあくまで、一時的に現地に滞在する旅人に過ぎない。旅人の目線で思ったことや実際に起こったことを書くにあたり、相手にとって本意でない可能性のある内容については、実名を書くべきでないと思ったからである。

最後に、私の研究や野外調査は多くの人に支えられている。本書に登場する現地の方々、虫仲間のみなさんをはじめ、長期の出張を見守ってくださっている職場のみなさん、いつも温かい声援をくれる友人たちには心からお礼申し上げたい。

また、小松貴さん、島田拓さん、堀繁久さん、柿添翔太郎さん、山口進さん、細石真吾さんには写真を、川島逸郎さんには細密画を提供いただいた。古寺和恵さんと吉田知里さん、鈴田ふくみさんには、一般の方の目線で原稿にご意見をいただいた。幻冬舎の前田香織さんは企画段階から相談に乗ってくださり、常に励ましてくださった。みなさんに厚くお礼申し上げる。

本書を読んで、野外調査の面白さを知り、いつか私と一緒に研究したいという昆虫好きの子供や学生さんが現れたら、それは望外の喜びである。

さてこのへんで、「次の大発見がこわい」。

# 注釈

## 第1章 ペルーその1

1 *Dynastes hercules*（甲虫目：コガネムシ科：カブトムシ亜科）。このように学名は属名と種名（種小名）の二つの単語を組み合わせてできている。イタリックで示すのが普通。
2 *Morpho* spp.（チョウ目：タテハチョウ科）。これも学名だが、「sp.」とは「species（種）」の略号で、種名が確定していないこと、あるいは特定の種を指していないことを示している。「spp.」は複数形で、複数種が含まれていることを示している。
3 Ecitonini（ハチ目：アリ科：サスライアリ亜科）。これは族の名で、族とは属より一つ上の分類階級である。なお、動物では、小さい階級から順に、種、属、族、科、目、綱という分類階級が使われる。昆虫では、科と族の間の「亜科」という単位もよく使われる。
4 *Eciton burchellii*（ハチ目：アリ科：サスライアリ亜科）。
5 Satipo（フニン県Junín）。
6 *Acalypha* spp.（トウダイグサ科）
7 *Bocydium tintinnabuliferum*（カメムシ目：ツノゼミ科）
8 *Cladonota luctuosa*（カメムシ目：ツノゼミ科）
9 *Membracis foliatafasciata*（カメムシ目：ツノゼミ科）
10 *Eciton*（ハチ目：アリ科：サスライアリ亜科）
11 *Ecitophya simulans*（甲虫目：ハネカクシ科：ヒゲブトハネカクシ亜科）など
12 *Xylostega* sp.（甲虫目：エンマムシ科：アリヅカエンマムシ亜科）
13 *Astyanax* sp.（カラシン科）
14 *Archaeoprepona* spp.（チョウ目：タテハチョウ科）
15 *Callicore* spp.（チョウ目：タテハチョウ科）
16 *Agrias* spp.（チョウ目：タテハチョウ科）
17 *Atta*（ハチ目：アリ科：フタフシアリ亜科）
18 *Attaphila* sp.（ゴキブリ目：チャバネゴキブリ科）
19 *Attapsenius* sp.（甲虫目：ハネカクシ科：アリヅカムシ亜科）
20 David H. Kistner（カリフォルニア州立大学名誉教授）
21 *Nomamyrmex*（ハチ目：アリ科：サスライアリ亜科）
22 *Ecitocryptus* sp.（甲虫目：ハネカクシ科：ヒゲブトハネカクシ亜科）
23 *Wasmannina* sp.（甲虫目：ハネカクシ科：ヒゲブトハネカクシ亜科）
24 *Paraponera clavata*（ハチ目：アリ科：サシハリアリ亜科）
25 *Hylesia* spp.や*Dirphia* spp.など（チョウ目：ヤママユガ科）
26 *Automeris* spp.や*Hyperchiria* spp.など（チョウ目：ヤママユガ科）
27 *Corydalus cornutus*（ヘビトンボ目：オオアゴヘビトンボ科）
28 *Typophyllum* sp.（バッタ目：キリギリス科）
29 *Calodexia* spp.（ハエ目：ヤドリバエ科）
30 *Eciton hamatum*（ハチ目：アリ科：サスライアリ亜科）
31 *Stylogaster* sp.（ハエ目：メバエ科）
32 *Tyreoxenus* sp.（甲虫目：ハネカクシ科：ヒゲブトハネカクシ亜科）

### 第2章 ペルーその2

33 Puerto Maldonado(マードレ＝デ＝ディオス県Madre de Dios)
34 Explorer's Inn
35 Reserva nacional Tambopata
36 *Heteronotus* spp.(カメムシ目:ツノゼミ科)
37 *Sericomyrmex* sp.(ハチ目:アリ科:フタフシアリ亜科)
38 *Rhodnius* sp.(カメムシ目:サシガメ科)
39 *Atta sexdens* (ハチ目:アリ科:フタフシアリ亜科)
40 *Atta cephalotes* (ハチ目:アリ科:フタフシアリ亜科)
41 *Lithodytes lineatus* (ユビナガガエル科)
42 Manu(マードレ＝デ＝ディオス県)
43 Cuzco(クスコ県Cuzco)
44 Cock of the Rock Lodge
45 *Tillandsia* (パイナップル科)
46 *Stylocentrus* sp.(カメムシ目:ツノゼミ科)
47 *Termitaxis holmgreni* (甲虫目:コガネムシ科:マグソコガネ亜科)
48 *Eciton vagans* (ハチ目:アリ科:サスライアリ亜科)
49 *Ecitodaemon* sp.(甲虫目:ハネカクシ科:ヒゲブトハネカクシ亜科)

### 第3章 カメルーンその1

50 *Dorylus* (ハチ目:アリ科:サスライアリ亜科)
51 Douala(リトラル州)
52 Buea(サウスウェスト州)
53 Miss Bright
54 Mount Cameroon
55 Mbonge(サウスウェスト州)
56 Kumba(サウスウェスト州)
57 *Glossina* sp.(ハエ目:ツェツェバエ科)
58 *Onthophagus* spp.(甲虫目:コガネムシ科:ダイコクコガネ亜科)
59 *Papilio nireus* (チョウ目:アゲハチョウ科)
60 *Typhloponemys* sp.(甲虫目:ハネカクシ科:ヒゲブトハネカクシ亜科)
61 *Procatopus* sp.(カダヤシ科)
62 Bimbia(サウスウェスト州)
63 *Hamma nodosum* (カメムシ目:ツノゼミ科)
64 *Tricoceps* sp.(カメムシ目:ツノゼミ科)
65 *Monocentrus laticornis* (カメムシ目:ツノゼミ科)
66 コワモンゴキブリ *Periplaneta australasiae* (ゴキブリ目:ゴキブリ科)

### 第4章 カメルーンその2

67 Nyasoso(サウスウェスト州)

68 Ebogo(センター州)
69 Women's Centre
70 Mount Kupe
71 *Urtica* (イラクサ科)
72 Ceratocanthinae (甲虫目:アツバコガネ科)
73 Pygostenini (甲虫目:ハネカクシ科:ヒゲブトハネカクシ亜科)
74 *Dorylocratus* sp.(甲虫目:ハネカクシ科:ヒゲブトハネカクシ亜科)
75 Ebogo Lodge
76 *Dorylomimus* sp.(甲虫目:ハネカクシ科:ヒゲブトハネカクシ亜科)
77 *Bancous eureka* (甲虫目:オオキノコムシ科)

**第5章 カンボジア**

78 *Sipylus proteus* (カメムシ目:ツノゼミ科)
79 *Evanchon* sp.(カメムシ目:ツノゼミ科)
80 Corythoderini (甲虫目:コガネムシ科:マグソコガネ亜科)
81 *Coenochilus apicalis* (甲虫目:コガネムシ科:ハナムグリ亜科)
82 *Cremastocheilini* (甲虫目:コガネムシ科:ハナムグリ亜科)
83 *Discoxenus* spp. (甲虫目:ハネカクシ科:ヒゲブトハネカクシ亜科)
84 *Termitotrox* (甲虫目:コガネムシ科:亜科所属未決定)
85 *Paussus jousselini* (甲虫目:オサムシ科:ヒゲブトハネカクシ亜科)
86 *Eocorythoderus incredibilis* (甲虫目:コガネムシ科:マグソコガネ亜科)
87 *Termitotrox cupido* (甲虫目:コガネムシ科:亜科所属未決定)
88 *Termitotrox venus* (甲虫目:コガネムシ科:亜科所属未決定)

**第6章 マレーシア**

89 Tanah Rata(パハン州)
90 *Chalcosoma caucasus* (甲虫目:コガネムシ科:カブトムシ亜科)
91 *Odontolabis femoralis* (甲虫目:クワガタムシ科)
92 *Pella* (甲虫目:ハネカクシ科:ヒゲブトハネカクシ亜科)
93 Ulu Gombak(スランゴール州Selangor)
94 *Dorylus laevigatus* (ハチ目:アリ科:サスライアリ亜科)
95 Paussini (甲虫目:オサムシ科:ヒゲブトオサムシ亜科)
96 *Aenictus* (ハチ目:アリ科:サスライアリ亜科)
97 *Weissflogia rhopalogaster* (甲虫目:ハネカクシ科:ヒゲブトハネカクシ亜科)
98 *Vestigipoda longiseta* (ハエ目:ノミバエ科)
99 *Catoxantha opulenta* と *Demochroa gratiosa* (甲虫目:タマムシ科)
100 *Longipeditermes longipes* (ゴキブリ目:シロアリ科)
101 *Longipedisymbia carlislei* (甲虫目:ハネカクシ科:ヒゲブトハネカクシ亜科)など

**第7章 ミャンマー**

102 Mandaley(マンダレー地方域)

103 Hkamti（サガイン地方域）
104 Hta Man Thi（サガイン地方域）
105 *Calochroa octonotata*（甲虫目：オサムシ科：ハンミョウ亜科）
106 *Aenictus binghami*（ハチ目：アリ科：サスライアリ亜科）
107 *Paussus* sp.（甲虫目：オサムシ科：ヒゲブトオサムシ亜科）
108 Homalin（サガイン地方域）
109 Naypyidaw（ネピドー連邦領）。2006年よりミャンマーの首都となる。

## 第8章 ケニア

110 Kakamega（カカメガ県）
111 Marigat（バリンゴ県）
112 Zoraptera（＝ジュズヒゲムシ目）
113 *Tithoes confinis*（甲虫目：カミキリムシ科：ウスバカミキリ亜科）
114 *Acanthus pubescens*（キツネノマゴ科）
115 *Anchon* spp.（カメムシ目：ツノゼミ科）
116 *Eumonocentrus* sp.（カメムシ目：ツノゼミ科）
117 *Hamma* spp.（カメムシ目：ツノゼミ科）
118 *Protogoniomorpha parhassus*（チョウ目：タテハチョウ科）
119 *Cymothoe coccinata*（チョウ目：タテハチョウ科）
120 *Hypolimnas monteironis*（チョウ目：タテハチョウ科）
121 *Myrmicaria* sp.（ハチ目：アリ科：フタフシアリ亜科）
122 *Heteropaussus* sp.（甲虫目：アリ科：ヒゲブトオサムシ亜科）
123 *Miniodes discolor*（チョウ目：ヤガ科）
124 Kisumu（キスム県）
125 Skie View Hotel
126 *Anopheles* spp.（ハエ目：カ科）
127 *Macrotermes jeanneli*（ゴキブリ目：シロアリ科）
128 *Coenochilus turbatus*（甲虫目：コガネムシ科：ハナムグリ亜科）
129 Buthidae（＝キョクトウサソリ科）
130 *Scarabaeus* sp.（甲虫目：コガネムシ科：タマオシコガネ亜科）
131 Solifugae（＝ヒヨケムシ目）
132 *Tricoceps* sp.（カメムシ目：ツノゼミ科）
133 *Oxyrhachis* sp.（カメムシ目：ツノゼミ科）
134 *Termitobia* sp.（甲虫目：ハネカクシ科：ヒゲブトハネカクシ亜科）
135 Lake Bogoria

## 第9章 フランス領ギアナその1

136 Amazone Nature Lodge
137 *Titanus giganteus*（甲虫目：カミキリムシ科：ウスバカミキリ亜科）
138 *Camponotus* sp.（ハチ目：アリ科：ヤマアリ亜科）
139 *Crematogaster* sp.（ハチ目：アリ科：フタフシアリ亜科）

140 *Fustiger* sp.（甲虫目：ハネカクシ科：アリヅカムシ亜科）
141 *Myrmecoblatta* sp.（ゴキブリ目：ムカシゴキブリ科）
142 *Solenopsis* sp.（ハチ目：アリ科：フタフシアリ亜科）
143 *Copiopteryx* spp.（チョウ目：ヤママユガ科）
144 *Amphimoea walkeri*（チョウ目：スズメガ科）
145 *Rhinella marina*（ヒキガエル科）
146 *Rhaebo guttatus*（ヒキガエル科）
147 *Euglossini*（＝シタバチ族）（ハチ目：ミツバチ科）
148 *Acrocinus longimanus*（甲虫目：カミキリムシ科：フトカミキリ亜科）
149 *Pseudoscorpionida*（＝カニムシ目）
150 *Oxysternon festivum*（甲虫目：コガネムシ科：ダイコクコガネ亜科）
151 *Hemikyptha marginata*（カメムシ目：ツノゼミ科）
152 *Chelyoidea* sp.（カメムシ目：ツノゼミ科）
153 *Homopterus cunctans*（甲虫目：オサムシ科：ヒゲブトオサムシ亜科）
154 *Titanacris albipes*（バッタ目：カタハダバッタ科）
155 *Aracynthus sanguineus*（カメムシ目：ビワハゴロモ科）

**第10章 フランス領ギアナその2**

156 *Rothschildia* spp.（チョウ目：ヤママユガ科）
157 *Megasoma actaeon*（甲虫目：コガネムシ科：カブトムシ亜科）
158 *Proscopia superba*（バッタ目：ボウバッタ科）
159 *Agrias narcissus*（チョウ目：タテハチョウ科）
160 *Dendrobates tinctorius*（ヤドクガエル科）
161 *Paleosuchus trigonatus*（アリゲーター科）
162 *Anchistrotus inanis*（カメムシ目：ツノゼミ科）
163 *Stictopelta* sp.（カメムシ目：ツノゼミ科）
164 *Heteronotus nigrogiganteus*（カメムシ目：ツノゼミ科）
165 *Heteronotus* sp.（カメムシ目：ツノゼミ科）

**番外編**

166 Maruyama M. & Parker J. (2017) Deep-time convergence in rove beetle symbionts of army ants. *Current Biology*, 27(6): 920–926
167 Centrotinae（カメムシ目：ツノゼミ科）

幻冬舎新書 462

カラー版 昆虫こわい

二〇一七年 七 月三十日 第一刷発行
二〇一八年十一月二十日 第二刷発行

著者 丸山宗利
発行人 見城 徹
編集人 志儀保博

発行所 株式会社 幻冬舎
〒一五一―〇〇五一 東京都渋谷区千駄ヶ谷四―九―七
電話 〇三―五四一一―六二一一(編集)
〇三―五四一一―六二二二(営業)
振替 〇〇一二〇―八―七六七六四三

ブックデザイン 鈴木成一デザイン室

印刷・製本所 中央精版印刷株式会社


Printed in Japan ISBN978-4-344-98463-9 C0295
ま-10-1

幻冬舎ホームページアドレス http://www.gentosha.co.jp/
*この本に関するご意見・ご感想をメールでお寄せいただく場合は、comment@gentosha.co.jp まで。